巍巍正陽

北京正陽門歷史文化展

郭　豹 主编

北京市正阳门管理处 编著

YSP 北京燕山出版社

图书在版编目（CIP）数据

巍巍正阳——北京正阳门历史文化展/ 郭豹主编；北京市正阳门管理处编著. —北京：北京燕山出版社，2014.4

ISBN 978-7-5402-3530-7

Ⅰ. ①巍… Ⅱ. ①郭… ②北… Ⅲ. ①古建筑—文化史—北京市 Ⅳ. ①TU-092.2

中国版本图书馆CIP数据核字（2014）第068819号

巍巍正阳——北京正阳门历史文化展

主　　编：郭　豹
编　　著：北京市正阳门管理处
责任编辑：马明仁　陈赫男
责任校对：杨富丽
封面题字：马建农
装帧设计：海马广告（北京）有限公司
出版发行：北京燕山出版社
地　　址：北京市西城区陶然亭路53号
邮政编码：100054
发行电话：（010）65243837
印　　刷：三河市灵山红旗印刷厂
开　　本：787mm×1092mm　1/12
印　　张：25
字　　数：305千字
版　　次：2014年6月第1版
印　　次：2014年6月第1次印刷
书　　号：ISBN 978-7-5402-3530-7
定　　价：218.00元

目　录

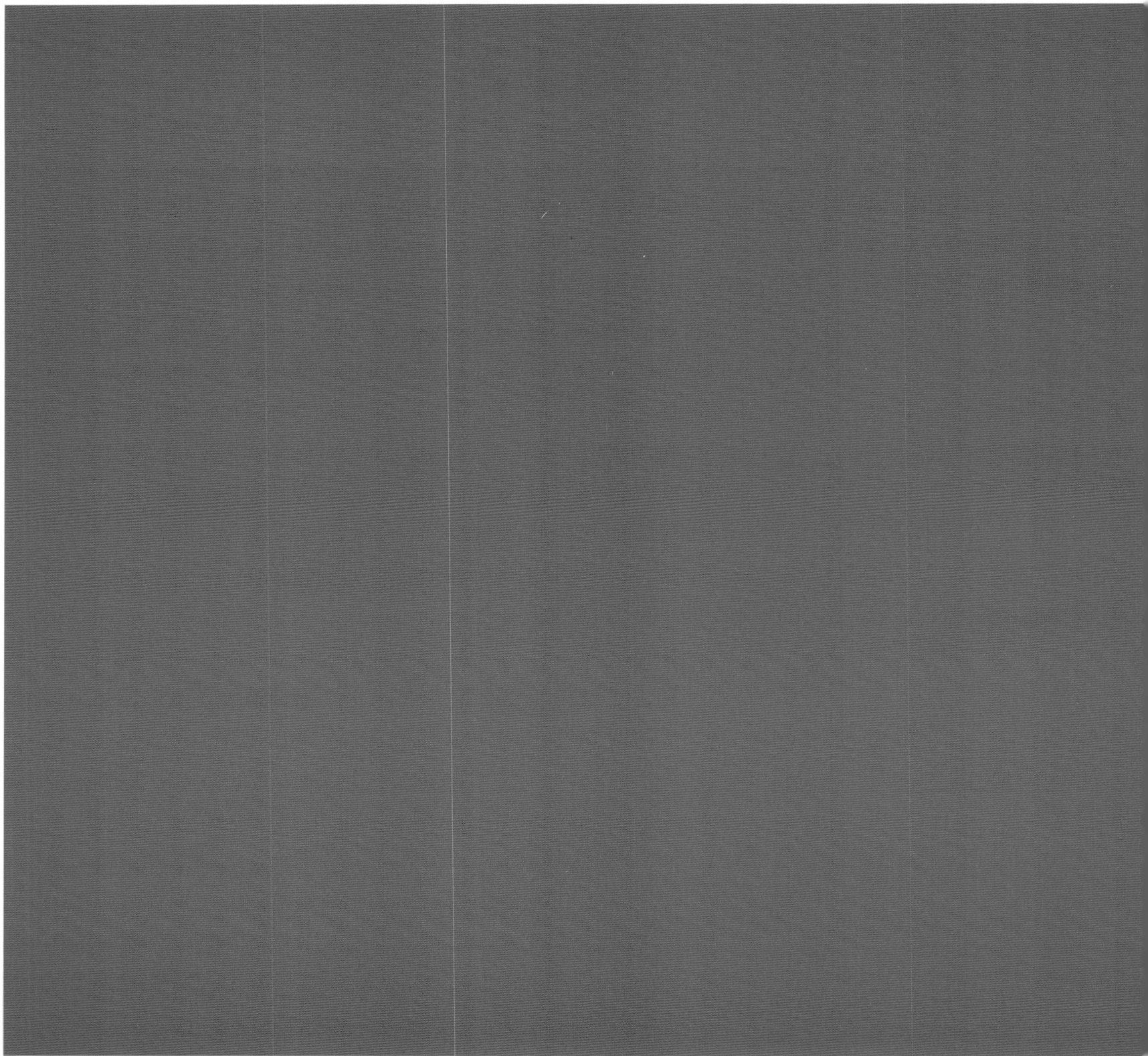

讲述正阳门的故事　展示文化之都的魅力

郭　豹

北京市正阳门管理处主任

一

北京作为历史文化名城，有着 50 万年的人类活动史、3000 多年建城史和 800 多年建都史，文化积淀深厚，文化气息浓厚，具有浓郁民族特色、地域特点的文化和国际多元文化在这里交流荟萃。截至 2014 年 6 月，北京地区共有依法登记的不可移动文物 3840 处，其中全国重点文物保护单位 126 处（含世界文化遗产 7 处）、北京市级文物保护单位 215 处。它们是北京悠久历史和灿烂文化的实物见证，是这方热土上先民们所创造文明的物化成果，历经沧桑保留至今，弥足珍贵。

明清北京城被称为人类历史上城市建设无与伦比的杰作。1948 年梁思成先生编制了《全国重要建筑文物简目》，其中第一项文物即“北平城全部”，并注明北平为“世界现存最完整、最伟大之中古都市；全部为一整个设计，对称均齐，气魄之大举世无匹”。就是这样一座辉煌壮丽的古都，其恢宏大气的城门城墙，经历了岁月沧桑，如今仅存正阳门城楼和箭楼、德胜门箭楼、东南角楼等几处单体建筑。尽管如此，我们仍然能领略到明清北京城的壮美，能够感受到它昔日的荣耀。

屹立在天安门广场南端的正阳门，是中国明清北京城内城的正南门，建于明永乐十七年（1419），因其位于皇城的正前方，故俗称前门。为加强城门的防御，正统四年（1439）在南面增设了箭楼及连接城楼、箭楼的瓮城。城楼为楼阁式，灰筒瓦绿琉璃剪边，重檐歇山三滴水结构，通高 43.65 米。箭楼为一砖砌堡垒式建筑，顶为灰筒瓦绿琉璃剪边，重檐歇山式，通高 35.37 米。

在京师诸门中，正阳门的规制最为隆重，正阳门城楼高度不仅位居内城九门之首，而且比皇城南门天安门城楼还要高 9 米。正阳门箭楼是内城九门中唯一开门洞者，箭楼门洞平时不开，只有皇帝出行或郊祀时才开启。

正阳门建成后历经兵灾火毁，现存城楼、箭楼为 1903—1907 年袁世凯主持重建。1915 年，为改善交通，民国政府委托德国人罗思凯格尔制订箭楼改建方案，拆除了瓮城；修建了“之”字形登城马道；城台东、西两侧添建了欧式“绶带悬章”造型各一尊；城台上箭楼外部增建了一圈仿汉白玉的水泥露台；一、二层箭窗上添加了弧形遮檐，即为现状。1988 年，正阳门被列为全国重点文物保护单位。1990 年、1991 年，正阳门箭楼和城楼先后对社会开放。

正阳门不仅是中国封建社会后期城市布局、军事防御、礼仪制度和建筑艺术的形象体现，也是老北京历史文化的重要载体。在百姓的心目中，正阳门就是老北京城的象征之一。

著名历史地理学家侯仁之 1931 年来北京，就读于潞河中学。50 年后，他在为瑞典学者喜仁龙《北京的城墙和城门》一书所作的序言中深情地回忆道：“当我在暮色苍茫中随着拥挤的人群走出车站时，巍峨的正阳门城楼和浑厚的城墙蓦然出现在我眼前。一瞬之间，我好像忽然感受到一种历史的真实。从这时起，一粒饱含生机的种子，就埋在了我的心田之中……”

歌曲《前门情思大碗茶》的歌词中写道：“我爷爷小的时候，常在这里玩耍，高高的前门，仿佛挨着我的家，一蓬衰草，几声蛐蛐儿叫，伴随他度过了那灰色的年华。……如今我海外归来，又见红墙碧瓦，高高的前门，几回梦里想着它，岁月风雨，无情任吹打，却见它更显得那英姿挺拔。”

这样一座有着深厚历史积淀的古都，这样一座文化内涵丰富、承载了百姓心中无数美好记忆的城门，我们文博工作者怎么能草率对待！作为对外开放的文物保护单位，我们必须用心挖掘其历史文化内涵，加大阐释与展示力度，为游客打造出一个精品展览。在展览中，要讲好正阳门的故事，激发起游客怀古之幽情，引起他们的强烈共鸣，从而全面展现出文化遗产的风采和魅力。

二

要讲好故事，首先要明确我们的故事讲给谁听。

天安门广场是全国人民向往的地方，每年的游客有数千万人。正阳门城楼位于天安门广场的南端，每年登城参观的外地游客也有十多万人。这些游客，多数是第一次到北京，他们怀着对北京的向往，到北京后有很强的新鲜感和较高的期望值。这一类参观者是我们客流量中的主体。但他们多数只是知道天安门、故宫、长城等著名景点，对明清北京城的历史并不熟悉。他们的参观时间也非常有限，通过以往在展厅内的现场观察，他们在展厅内停留的时间一般不超过两个小时。他们登城参观并非是为了系统学习明清北京城和正阳门的历史知识。有限的时间内，他们也不可能把正阳门乃至明清北京城的历史记得完整、系统而清晰。那么，我们举办的《巍巍正阳——北京正阳门历史文化展》，既要带给这类参观者新鲜感，满足他们的期望，也要把正阳门的故事讲得让他们觉得有意思，给他们留下一个美好的印象，并展示出首都地区博物馆的水平。

在老北京人的记忆中，前门楼子是他们心中永恒的记忆。他们从小就生活在北京城，有许多人还目睹了城墙的变迁。过去，登上正阳门的这类参观者，往往会和展厅工作人员谈到他们小时候对前门楼子的印象，语气中充满了感情。但是，由于正阳门箭楼和城楼直到 1990 年和 1991 年才先后向社会公众开放，所以，也还有不少老北京人没有登上过正阳门城楼，或者只是在早些年登上过一次。正阳门对老北京人而言，既熟悉又陌生。熟悉的是正阳门的外观和城门城墙的一些历史；陌生的是正阳门修缮以后的新面貌和我们业务人员挖掘到的更多的正阳门资料。我们的展览，不单单要讲述正阳门的历史，还必须要让他们回忆起自己与北京城、与正阳门的故事，触动他们的心灵，引发他们情感上的共鸣。

还有许许多多在北京工作的新移民。他们并不是土生土长于北京，但是在北京工作、生活多年，对这座城市也有了很深的感情。常见的知名景点，他们多数都已经去过了，有的甚至还去过多次。虽然久居北京城，经常路过前门，但是很多人没有登上过正阳门城楼。如果有机会，他们还是愿意上来一看的。我们也要争取他们来参观，让他们对这座城市有更多的了解、更深的感情。但如果没有一个好的展览，一个有意思的故事，相信他们来了，很难对这座伟大城门留下深刻的印象，甚至会大失所望。

我们在讲述正阳门的故事的时候，面对的是这三类不同的受众。只有分析了他们的不同特点，抓住他们的不同需求，从而去布置我们的展览，才能真正做到“贴近实际、贴近生活、贴近群众”。

一个展览，要想满足不同受众的需求，还是要有一些技巧的。在改陈之前，我就确定和坚持了这样两个思路：其一，确立展览的逻辑结构，改变平铺直叙的讲述方式，将一个立体生动的正阳门呈现给参观者。其二，精心挑选上展内容，要有几个重点的故事，让三类参观者都觉得新鲜和有意思，这几个重点故事在展览中的分量最重，效果最好，是整个展览的核心和精华。讲好了这些重点故事，整个展览的目的基本上就达到了。其余的一些小故事，可以让不同的参观者根据自己的兴趣和时间，有选择性地去看、去听。

三

确立展览的逻辑结构，也就是故事的叙述方式，应当是打造《巍巍正阳——北京正阳门历史文化展》、讲好故事最为首要的问题。

逻辑结构是对展览整体上的把握，把整个展览分成若干个逻辑单元，分别展示不同的内容。展览的逻辑结构对展览有着决定性的作用，应当由展览总策划师在科学研究、深入思考、统筹各方意见的基础上最终拍板决定。逻辑架构有四种基本类型：集合结构、线性结构、树状结构和网络结构。

历史文化展览最常采用的是线性结构，即考虑到展览内容本身最主要的内在逻辑关系，将展线按几个大的历史阶段分为几大部分，各部分按时间先后排列，各部分的内容也多按时间顺序进行展示。改陈前的《正阳门历史文化展》就是这样一种线性的结构。线性展览结构有它的优点，能够带领观众沿着历史的长河，一步步了解文物建筑的起源、发展、衰亡和复兴，比较直观。但也有其不足之处。文物建筑的内涵是丰富多彩的。单纯的时间轴，难以表现文物建筑的丰富内容，难以给观众留下深刻的印象。

考虑到观众的特点，为了做到重点突出、印象深刻，我经过反复思考，并与业务人员、专家多次沟通后决定跳出窠臼，采取截然不同的展览结构，分四个单元、从四个角度展现正阳门的历史文化，分别是“重钥固京师”、“国门彰礼仪”、“沧桑六百年”、“市井大前门”。

“重钥固京师”是从物的角度围绕建筑而展示，详细介绍正阳门在明清北京城的位置及城楼、箭楼、瓮城、闸楼等各部分的建筑构造。突出正阳门在建筑规制上高于其他城门的特点。

“国门彰礼仪”是从礼制的角度阐述正阳门在礼制上的尊崇，如正阳门箭楼门洞只有出行或郊祀时才开启、正阳门不能走灵车等。突出正阳门在礼仪制度上与其他城门不同的特色。

“沧桑六百年”是按照时间顺序，介绍正阳门历史上发生的大事。包括始建、改扩建、焚毁、重建、改建等。

“市井大前门”主要反映前门地区的风俗、老字号等市井生活，同时通过老明信片、大前门香烟等实物展示及歌曲《前门情思大碗茶》的播放，唤起百姓对大前门的记忆，引发他们的共鸣。

这四个部分的结构，可以用描绘一个人来做一个形象的比喻。第一部分就类似描写一个人的高矮胖瘦，是瓜子脸还是圆脸庞，是身材魁梧还是杨柳细腰等等。第二部分，就是展示这个人的社会地位，是王公贵族还是平民百姓，出行是前呼后拥还是轻车简从。第三部分，是登记这个人的履历，在哪个医院出生，何时上小学、中学、大学，何时参加工作等等。第四部分好比是大家对这个人的印象，是豪爽大方，还是拘谨小气；是和蔼可亲，还是清高孤傲等等。

就如同这四个方面能够大体上描绘出一个人的形象，我们也试图从建筑结构、礼制规格、大事记、市井生活这四个大的方面，尽可能全方位地向游客展现出正阳门历史的厚重与丰富。通过这四部分构成的展览结构，采用多角度的叙述方式，“见物更见人”，呈现在参观者眼前的就是一个立体的、生动的、形象的正阳门。

四

精心挑选上展内容，讲好重点故事，是打造高质量展览，吸引观众的关键之一。

博物馆业务人员作为展览的展览策划者和参与者，文物知识很专业、很丰富，但多数对展览展示艺术不够专业。在举办展览的时候，总想把所有的文物和资料都摆上展线，总想把所有的知识都奉献给观众。这种想法的出发点是好的。不过，我们想一想，如果一个女同志，把家里所有的金银首饰全都戴在头上、脖子上、手上，堂而皇之地出门上街，效果能好得了吗？我们必须认识到展览展示艺术不同于科研，展览展示设计艺术是应用美学之一，它需要按照美学法则，以感人的空间形象、环境气氛和视觉形象，将主题与展品展现出来，使之作用和影响观众的心理、精神面貌和行为。这种艺术是有自身规律的。在展览展示中，必须要对材料进行选择。

对材料的选择有以下三种情况。

第一，材料丰富时，在有限的空间内，要善于取舍。如北京城门城墙的老照片非常丰富，特别是正阳门的照片数量多、质量高。这么多的照片，不可能全部都上展板，即使采用多媒体展示，也会给观众造成视觉疲劳。对此，我们在展墙上放一部分、多媒体中播放一部分，更多的老照片游客可以在博物馆商店中选购图录、画册去了解。

第二，材料有限时，不仅要多方寻求，还要开拓思路。本次改陈中，征集了大前门烟标和民国时期大量印有正阳门城楼、箭楼的明信片，既充实了展线，也会引发老一辈人的记忆。另外，我们请展览公司根据历史资料，精心绘制了《正阳门瓮城复原图》，请多媒体公司制作3D动画展示正阳门瓮城拆除之前的立体形象。这些内容在创作时，业务人员查阅了大量的文献和老照片进行考证，保证了内容的科学性、严谨性，弥补了材料的不足，给观众以生动直观的认知。

第三，不管材料丰富还是有限，都要围绕主题精心挑选上展内容。有的材料，虽然也是建筑或建筑历史的一部分，但与展览的主题关系不大。有的材料作为科学研究可以务求详细，但不适宜展出或展出效果不佳。以正阳门为例，瓮城内的关帝庙、观音庙，有多块石碑保留至今，它们虽然是正阳门历史的实物见证，但与正阳门的主体建筑、规制等级这些方面的关系不大，加之展线有限，这次展览就没有上。原有展览上展出的《正阳门宣课司并分司公廨四至碑》，内容与展览主题无关，且碑文剥蚀严重，视觉效果很差，也撤下了展线。

现存的北京城门城墙建筑有正阳门城楼及箭楼、德胜门箭楼和内城东南角楼。同样讲城门城墙的故事，怎样讲出正阳门的不同和特色，避免千篇一律呢？需要我们认真挖掘不同城门各自独有的历史文化内涵并展现给观众。在德胜门箭楼工作时，笔者围绕“军门”特色，打造了《德胜门军事城防文化展》。到了正阳门，肯定不能照抄照搬德胜门的展览。在深入思考的基础上，此次《巍巍正阳——北京正阳门历史文化展》重点挖掘并围绕《乾隆京城全图》和《乾隆南巡图》这两个材料，突出正阳门历史文化的时空效应，烘托北京城垣文化的历史场景，给观众讲述了其背后的故事。

《乾隆京城全图》又称《清内务府藏京城全图》，完成于清乾隆十五年（1750），是北京第一幅完整的大比例尺内、外城区实测地图。纸底墨线勾绘，拼合后全图高 14.144 米，宽 13.504 米，比例约合 1:650。该图绘法精详，以写真的手法描绘了当时北京内城和外城的全部建筑，宫殿、园囿、庙坛、府第、衙署、民居、胡同、水系等等，均标注其上。《乾隆京城全图》是了解清代北京城市面貌的最权威、最形象的资料，是地图史上的奇迹。原图现存中国第一历史档案馆。

为什么要展示这幅图？其一，北京内城、外城的“凸”字形平面布局、城门城墙的构筑细节、正阳门在北京城中的位置、中轴线上的诸多建筑，在图上都清清楚楚地绘出来了。我们展览要表现的主题和细节等方面此图上均有，而且是直接相关且无可取代的。其二，对于这样一幅在中国地图史上具有重要价值的地图，许多普通观众并不知道。而且内、外城的每一间房子、每一座院门，甚至每一口水井，在图上都标注出来，其精细写实程度令人惊叹。该图由于体量巨大，在其他展馆和以往的展览中都没有完整地展示过。我们在展厅中首次原图展示，必将会给参观者视觉上极大震撼，给他们留下极为深刻的印象。其三，虽然 200 多年过去了，但图上的许多主要建筑或景点都还保存比较完好，如紫禁城、景山、天坛、先农坛、钟楼、鼓楼、历代帝王庙、什刹海、雍和宫等；许多胡同和地名也都还存在，如大栅栏、鲜鱼口、台吉厂（台基厂）、南锣鼓巷、府学胡同等。普通游客可以寻找他们熟悉的一些建筑或地名，老北京人还可以寻找他们曾经或现在居住的地方。在布展期间，一位专家就很兴奋地给我们介绍他家在地图上的位置。显然，这幅图可讲的故事太多太多，这是我们展览中的一个重点展项。

《乾隆南巡图》是描绘乾隆十六年（1751）第一次南巡江浙的历史画卷。图卷由宫廷画师徐扬主持绘制，共十二卷。分别是：启跸京师、过德州、渡黄河、阅视黄淮河工、金山放船至焦山、驻跸姑苏、入浙江境到嘉兴烟雨楼、驻跸杭州、绍兴谒大禹庙、江宁阅兵、顺河集离舟登陆、回銮紫禁城。全图以写实手法描绘了沿途的锦绣山河和城市乡村的世态风情，反映了18世纪中叶中国社会政治、经济、文化的各个方面。我们展出的《启跸京师》卷，纵68.6厘米，横1988.6厘米，表现了乾隆皇帝自乾清宫启銮后，出正阳门，过宣武门，出广安门，过宛平县拱极城，至卢沟桥，再过长辛店前往良乡黄辛庄行宫的情景。原图收藏于国家博物馆。

我们展示这幅画，并不是为了宣扬所谓的“康乾盛世”，而是在于其内容和正阳门密切相关，也是立体地将正阳门和老北京城的历史信息加以全面展示的题中应有之义。《启跸京师》卷，一方面描绘了京师特别是前门地区繁华的市井生活；另一方面，描绘了乾隆皇帝出巡的盛大场面及从正阳门箭楼门洞走“龙车”的礼制。过去没有相机，相对写实的《乾隆南巡图》是我们了解古代社会生活最为理想的资料。虽然中国国家博物馆曾在《中国古代经典绘画作品》专题陈列中展示过其中的四卷，但这样一幅内容不亚于《清明上河图》而画幅更胜之的鸿篇巨制，许多观众仍然无缘得见。因此，我们将《乾隆南巡图·启跸京师》作为向观众讲述的另一个重点故事，原图在展厅中展出，并对其中的重点场景进行详细解读，会带给观众视觉上的冲击和强烈的新鲜感。

五

有了好的故事题材，还要注意讲故事的方式，也就是要选取合适的展示手段，这是打造高质量展览、吸引观众的另一个关键。

怎么讲好一个故事，技巧非常重要。非常简单却在实践中往往被忽视的技巧就是把握好讲故事的节奏，做到有起有伏。体现到展览内容上，就是要有主有次，围绕重点展项布置展线。

在展览筹划阶段，我们就强调展览空间有限，展览经费有限，不能平均使用力量，要突出重点、打造亮点，围绕核心展项组织展览内容。《乾隆京城全图》和《乾隆南巡图》就是我们此次展览的重点和亮点。尽管这两件文物的原件都不在我们这里，我们只能把复制品上展，但它们与正阳门密切相关，体量巨大、观赏性强，信息量丰富、故事性强，所以作为核心展项，我们为二者分配了最大的展览场地，分别占据了首层展厅东、西两侧的主体位置，同时投入了尽可能多的资金，花费最大的心血去精心设计和制作。

经费的合理分配和使用相当关键。过去因为经费有限，所以历史类展览的观赏性不够。而现在，更多的问题是经费有了，但却大量花在无历史和科学事实依据的虚拟场景、蜡像或幻影成像等多媒体技术上；或者片面追求恢宏大气，实际上却空洞无物的装饰性设计上。应当说，新技术、新材料在展览中的引进和使用，既是社会发展和科技进步的必然结果，也是提高展示质量和水平的客观需要。但为什么会出现问题？一方面是文物不够，声光电来凑数；另一方面是设计者误认为这些技术能吸引观众的眼球。其实大错特错。脱离了实质内容的多媒体展示手段，只是浪费资金、糊弄观众的高科技玩意儿，必将遭到观众的冷遇。

《巍巍正阳——北京正阳门历史文化展》在改陈伊始，就强调高科技的运用要适度、契合展览内容，明确摒弃幻影成像、空中翻书等投入资金大、展示效果并不理想的技术手段，减少投影等后期维护成本大的项目。而是要尽力采用和展示内容密切相关、观众参与体验性强、维护成本相对低廉的展示手段。

以《乾隆南巡图·启跸京师》为例，尽管它是我们要展现的重点内容之一，但项目申报之初，考虑到控制成本，我们并没有打算像世博会《清明上河图》和南京江宁织造博物馆《乾隆南巡图·驻跸姑苏》那样进行动态展示。不仅仅是因为我们的展览经费有限、动态数字化展示的后期维护成本高昂，也是考虑到仅用动态展示，在游客观赏画面时有很大的局限性。所以一开始，我们打算采用的展示手段是：用超薄灯箱对画卷进行原图展示，巨幅画面既能带给观众强烈的视觉冲击和震撼，还能满足众多观众同时进行近距离地观赏细节；再在下面的解读带对重点场景进行详细的解读。在布展完成后，这部分的展示效果非常好。

再如，经过多方比较后，我们与北京魅力蓝海科技有限公司合作开发《飞游中轴线》这样一个互动项目。项目采用目前业界领先的虚拟演播室技术和自动录制合成技术，游客站在现场一个蓝色的空间环境中，只用上下挥动手臂，软件系统将高清摄像机采集到游客的动作视频，同步与预先录制好的北京中轴线上的古建筑视频画面背景合成到一起，游客能够实时看到自己在空中自由飞翔的视频效果，还可以将合成的视频刻录成光盘带走留作永久的纪念。该项目的中轴线视频画面经过了精选编排，既向游客介绍了明清北京城的中轴线，又具有非常强的参与性和趣味性。项目在筹划阶段就得到了专家、业务人员的一致认可。

六

这是一个以人为本的展览。在布展过程中，为了讲好正阳门的故事我们精益求精，不断完善和丰富，有许多用心之处值得在这里介绍。

在展览中，凡是疑难字，都标注了拼音，方便游客认知。

这次展览前言、结语和每个单元的说明，专家认为很有特色。我们摒弃了自己撰写的做法，而是精心选择了名人名言，不仅契合了展览的内容，而且极富诗意。如第四单元“市井大前门”，单元说明引用了北京诗人西川写的一段文字：“我骑在我的战马上，也就是我那破旧的二八凤凰牌自行车上，每过正阳门，我的目光便会在那高大灰暗的建筑上停留片刻。那是画册中的前门、歌曲中的前门、烟卷包装纸上的前门。”在这个单元展出的内容中，对应展出了民国明信片、歌曲《前门情思大碗茶》和“大前门”牌香烟实物。文字说明撰写和上展内容展示的这种方式，把大前门这座建筑所承载百姓的感情，含蓄而清晰地进行了表达。

展览第一单元、第二单元有解读带，推荐游客细细品味。由于我们考虑到游客观看展览的舒适度，所以展墙上能够利用的面积非常有限。展览公司的设计师提出设立解读带，以丰富展览内容。这个提议非常中肯。虽然解读带在展厅中位置并不突出，但我们下了很大功夫，反复思考解读带的内容，精心选择上展图片，字斟句酌上展文字，既要保证图文的严谨科学，更要让游客觉得有意思、长知识、喜欢看。“前门和正阳门的关系”“怎样区分城楼和箭楼”“古人怎么进出城”等知识点，都是我们的原创，相信观众一定会喜欢。

为方便游客在《乾隆京城全图》中找到自己成长或熟悉的地方，一方面我们在 1:1 原大展示的地图上把主要地名和建筑物用红色大字标注；另一方面，使用两台 46 寸的触摸屏，将今天的北京卫星地图和《全图》在同一个页面上对照显示，游客既容易查找，也有穿越时空的感觉。

前面提到，在项目申报之初，考虑到成本，我们没有计划把《乾隆南巡图·启跸京师》进行动态展示。但在布展中，我们和展览公司反复进行了沟通，经过深思熟虑，最后还是在展览中采用了动态展示。决策的因素包括我们考察了多家博物馆，认为适当的动态展示会极大提升展览的效果，特别是能够让主要的参观群体觉得有意思；承担动态展示制作的多媒体公司实力雄厚、报价相当优惠；专家对动态展示的样片一致给予了好评；展览公司主动承担了因此而增加的费用。我们深信动态展示会给观众留下深刻的印象，让他们觉得参观正阳门是值得的。

我们在筹展和布展过程中，不仅召开了十几次专家座谈会和几十次业务工作会，而且充分听取了其他部门和一线工作人员的意见。如在重新设计展厅入口避风阁的过程中，我们召开了多次专题会，设计图纸修改了十几次，听取并吸纳了行政科和展厅工作人员的意见，最终做到了造型美观、功能实用，又不破坏文物。再如二层天井的设计，业务人员内部讨论后，还专门召开专家会请专家为我们出谋划策，从安全性、展示效果等多方面慎重研究，最后形成了一个完美的方案。

我们继承了上一个展览的优点。如展厅首层地面上中央一条贯穿南北的铜带，将看不见摸不着的明清北京城中轴线实体化展示出来，很受观众的喜爱。这次展览予以保留。

本次展览，我们还探索了新的博物馆观众调查方法。原有展览撤展前，我们邀请“四月公益”博物馆爱好者组织的成员、天桥街道的社区居民、北京科技大学的学生参观，填写了100份调查问卷，每人都留下了联系方式。展览开幕后，我们还将联系、邀请这100人，参观完新展览后，再填写问卷。这样，每人前后对比填写调查问卷，将更为真实、客观、准确地反映改陈的效果。这种观众调查方法应用在实践中，我们这里应该是开创性的。

七

正阳门城楼在1991年开放时，推出的首个展览是《中国共产党在北京》。此后，城楼上先后举办的基本陈列有：《历史上的北京》（1993—1999）、《老北京系列展——老城墙、老街、老市、老宅子》（1999—2006）、《正阳门历史文化展》（2006—2013）。这些展览，都是北京市正阳门管理处精心奉献给社会的文化产品，架起了一座座博物馆与观众沟通的桥梁。

事非经过不知难。此次改陈，为了讲好正阳门的故事，为了满足不同类型观众的需求，达到最佳的展示效果，我们的策展布展团队付出了极大的心血。

正阳门管理处的业务人员是一支年轻的队伍。对于对中小博物馆而言，基本陈列七八年才更换一次，员工普遍缺乏经验。他们边干边学，资料收集、展览大纲编写、展览项目文本编写和项目初步设计方案、展览招投标、合同签订、大纲和设计方案深化、文字和图片校对、撰写讲解词、制作宣传折页、出版展览图录、设计制作环境标志等，一系列步骤一步步走来，通过反复地磨合、碰撞、沟通、合作，整个过程相当吃力，但大家基本上熟悉了展览的流程，在实践中成长起来。在这个过程中，他们克服了家中老人孩子生病等种种困难，甚至发着高烧还坚持到单位上班，尽心尽力、加班加点，完成了各自的工作。

作为本次改陈项目的总指挥，我全面负责展览工作的组织实施。总体统筹协调，办出一个出色的展览，能做到这些就非常不容易，但我还不满足于此。我更希望通过这个难得的改陈机会，让业务人员在实践中锻炼，在工作中成长起来。所以，展览从一开始的进场施工，我就要求业务人员每天盯现场，看展览公司施工的工艺流程；希望业务人员不要把眼睛只盯在自己分工的任务上，而是能尽可能多地了解和熟悉展览方方面面的工作；期盼业务人员能够多学习、多思考、多求教，尽快地提高自身的业务能力水平。在筹展布展过程中，我组织的每次专家座谈会都让业务人员一起参加，聆听专家的宝贵经验；组织召开多次内部的业务工作会，都让大家畅所欲言，实现“头脑风暴”。业务人员各自承担的工作汇总上交后，我在做好繁杂行政事务性工作的同时，逐一把关、逐一修改。对每一张图片都精挑细选，还补充了相当数量的新图片；对文字说明字斟句酌，亲自撰写或修改了大量的文字；随时把我获得的新材料和书面的修改意见发到管理处公共邮箱中供大家参考；带着业务人员一起和展览设计、图录编辑人员现场工作，仔仔细细向业务人员介绍我修改和调整的目的。有心的业务人员，必然能够通过我言传身教、通过自己的学习思考，在能力水平上获得一个飞跃。追求展览完美的努力、锻炼业务人员队伍的苦心，贯穿于整个办展过程之中。其中甘苦冷暖，难以言表。

管理处张辉书记、葛怀忠副主任分别担任项目总协调和现场总指挥，分工负责廉政监督、合同管理、资金使用、后勤保障、现场协调、安全保卫等诸多任务，团结协作，主动承担了大量的工作，使得我能够把精力倾注到展览改陈中。“君子以行言，小人以舌言”，他们两位对我的支持和帮助不是体现在口头上，而是落实在行动上。让我备受感动、倍添力量。

本单位办公室、财务、行政后勤、安全保卫部门的职工，根据《正阳门历史文化展改陈工作实施方案》，在业务组之外，组成了安全保卫、财务管理、外联接待、后勤保障等几个组，根据各自的分工，共同为展览的举办而努力。

本次展览由北京众邦展览有限公司进行设计制作。该公司设计理念先进、施工经验丰富，在和他们的沟通过程中，我们的业务人员学到了许多布展知识。该公司对布展工作精益求精，如为了调整《乾隆京城全图》部分的背景光源，他们对上好的展板拆卸了三次进行反复调试，力求达到最为满意的效果；《乾隆南巡图》画卷很长，为了达到最好的拼接效果，他们也重喷、重贴了三次。设计师为了绘制《正阳门瓮城复原图》，查阅参考了许多照片和文献，花费了大量时间，精心完成的手绘图效果出色、具有独创性，不仅为展览添色，而且今后还可以开发出多种旅游纪念品。设计人员把电脑搬到管理处，在工期最紧的一个多月里天天加班到晚上九十点钟。该公司员工的敬业态度和吃苦精神令我钦佩。

北京市文物局相关处室的领导和业界的众多专家学者，为我们的展览出谋划策、审核把关，毫无保留地贡献了他们的智慧和经验。我们充分听取了他们的宝贵意见和建议。

首都博物馆、北京中山堂、中国人民抗日战争纪念馆、中国铁道博物馆正阳门馆、刘海粟美术馆等单位和马文晓、刘阳、刘鹏等人，慷慨为展览提供了宝贵资料。

感谢北京燕山出版社为展览图录出版付出的辛勤劳动。

还有许许多多给予了我们帮助的单位和朋友在此无法一一列出，一并致以诚挚的谢意。

正是在方方面面的努力和支持下，我们的展览才得以顺利举办。

虽然还有遗憾，虽然仍有不足，但我们已经尽到了我们最大的努力，我们对得起观众，我们问心无愧！

希望观众能够喜欢我们所讲述的正阳门故事，在正阳门留下您的美好记忆，感受到北京“文化之都”的魅力；更希望大家和我们一起，续讲正阳门这座伟大城门的不朽传奇！

展厅导览

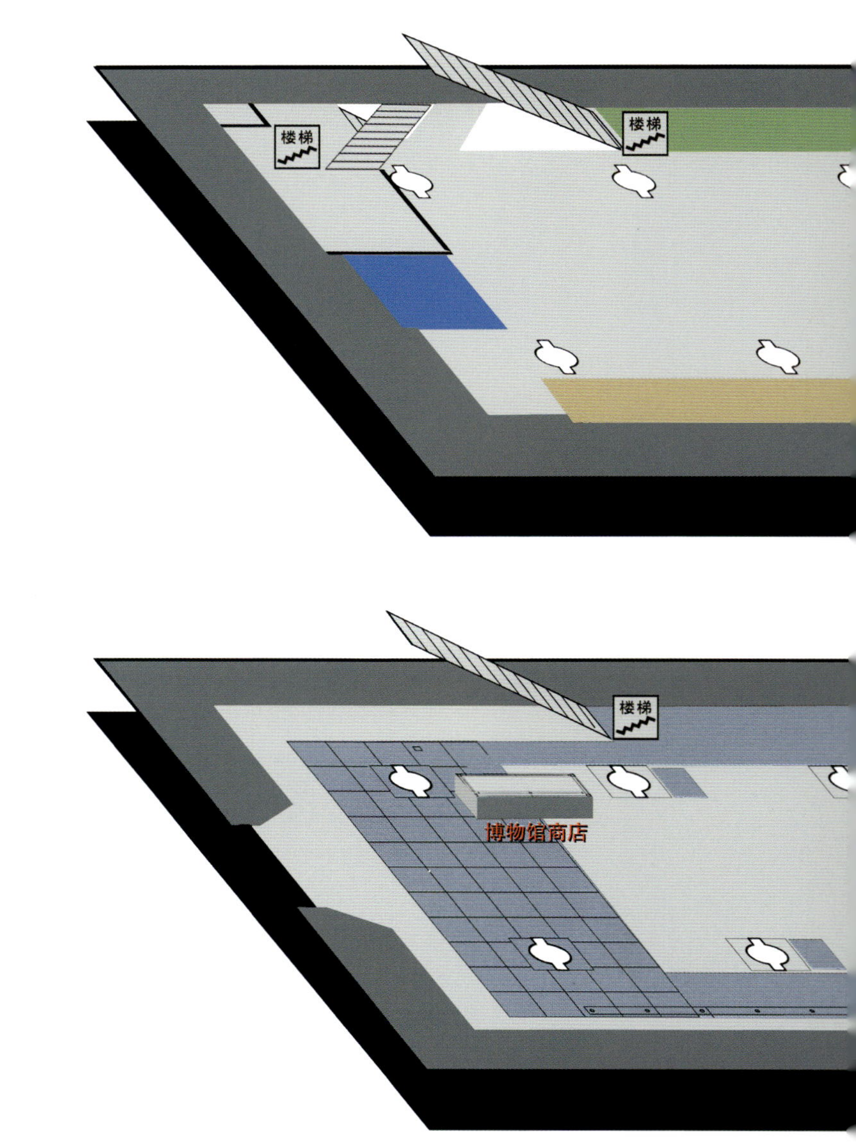

飞游中轴线

市井大前门

沧桑六百年

国门彰礼仪

重钥固京师

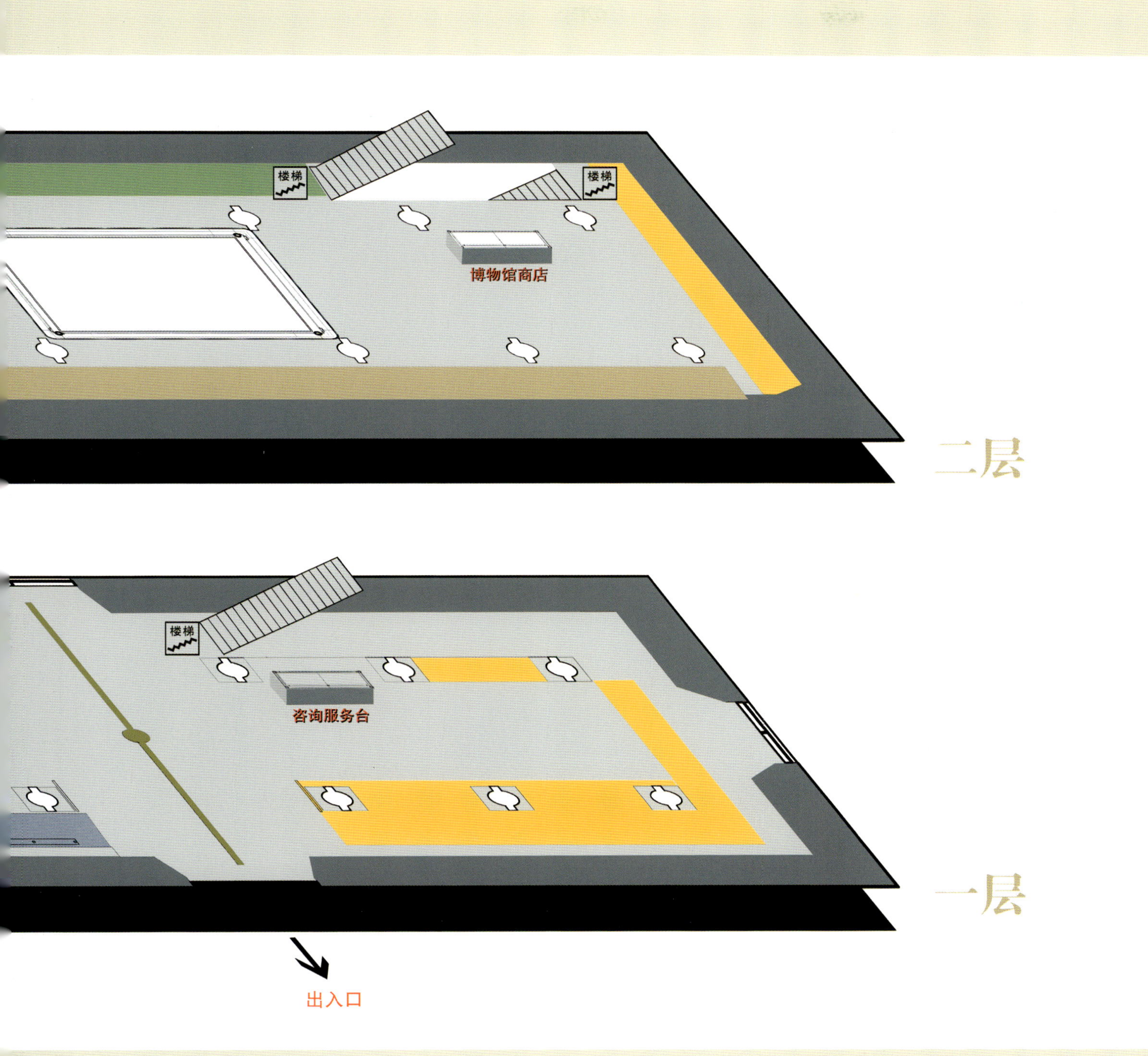

二层

一层

【前言】

“当我在暮色苍茫中随着拥挤的人群走出（前门）车站时，巍峨的正阳门城楼和浑厚的城墙蓦然出现在我眼前。一瞬之间，我好像忽然感到一种历史的真实。从这时起，一粒饱含生机的种子，就埋在了我的心田之中……”

——《北京的城墙和城门》序

侯仁之，历史地理学家

第一单元　重钥固京师

“任何试图读懂北京的人，一开始都会有一种不得其门而入的感觉。

“我们必须找到进入北京的门。也许，北京的那些气势非凡的门，就是我们应该翻开的第一页。”

——《读城记》
易中天（著名作家、学者）

正阳门是明清北京城城垣的重要遗存之一，与故宫同时期建成，雄踞于北京城中轴线之上已近 600 年。作为老北京内城的正南门、明清两代帝都的正门，正阳门在京师诸门中的规制最为隆重。它是中国封建社会后期城市布局、军事防御、礼仪制度和建筑艺术的形象体现，也是老北京历史文化的重要载体。

正阳门航拍全景图（2013 年，马文晓摄）

明清北京城格局

明清北京城平面呈“凸”字形，由内到外分别是宫城、皇城、内城和外城，并分别筑有城墙。除皇城外，其他三重城墙四角均建角楼，城外有护城河。

宫城，即皇宫、大内，也称紫禁城，清朝灭亡后称为故宫。城墙高约 10 米，长 3428 米，至今保存完整。

皇城，拱卫皇宫，其内的苑囿、庙宇、内务府衙署、库藏、局、作、坊都专为皇家服务，平民百姓不得居住。皇城墙的墙身为红色，顶覆黄琉璃瓦，高约 6 米。明代皇城周长约 9 千米，清代扩为 11 千米左右。民国时期城墙被拆除，今仅存数段。

内城：明初在元大都城垣基础上改建。城墙高 10–12 米不等，周长约 24 千米。在外城修建之前，内城被称为城、大城。

外城：位于内城南部。明嘉靖年间修建。高度和厚度均小于内城，周长约 14 千米。

“内九外七皇城四”是什么意思？

明清北京城的城门很多，“内九外七皇城四”是老百姓对内城、外城和皇城大门数量的高度概括。

内城九门：正阳门、崇文门、宣武门、朝阳门、阜成门、东直门、西直门、安定门、德胜门。

外城七门：永定门、左安门、右安门、广渠门、广宁门（广安门）、东便门、西便门。

皇城四门，一般是指天安门、地安门、东安门、西安门。但事实上，皇城的门并不是四座。清嘉庆《大清会典》记载“皇城，其门有七”，其余三门指大清门、长安左门和长安右门。

宫城辟四门，分别为午门、神武门、东华门、西华门。午门和天安门之间还有一座端门。

北京为什么又叫作“四九城”？

明清北京城皇城四门、内城九门，“四九城”即指皇城、内城，进而被老百姓用来代指整个北京城。

另有一说，清代统治者实行“满汉分治”，将汉民全部驱至外城居住，腾出内城住满洲八旗。这样，内城、外城泾渭分明，旗人、汉人界限森严。旗人用“四九城”代指自己居住的皇城和内城，是一种炫耀的说法。

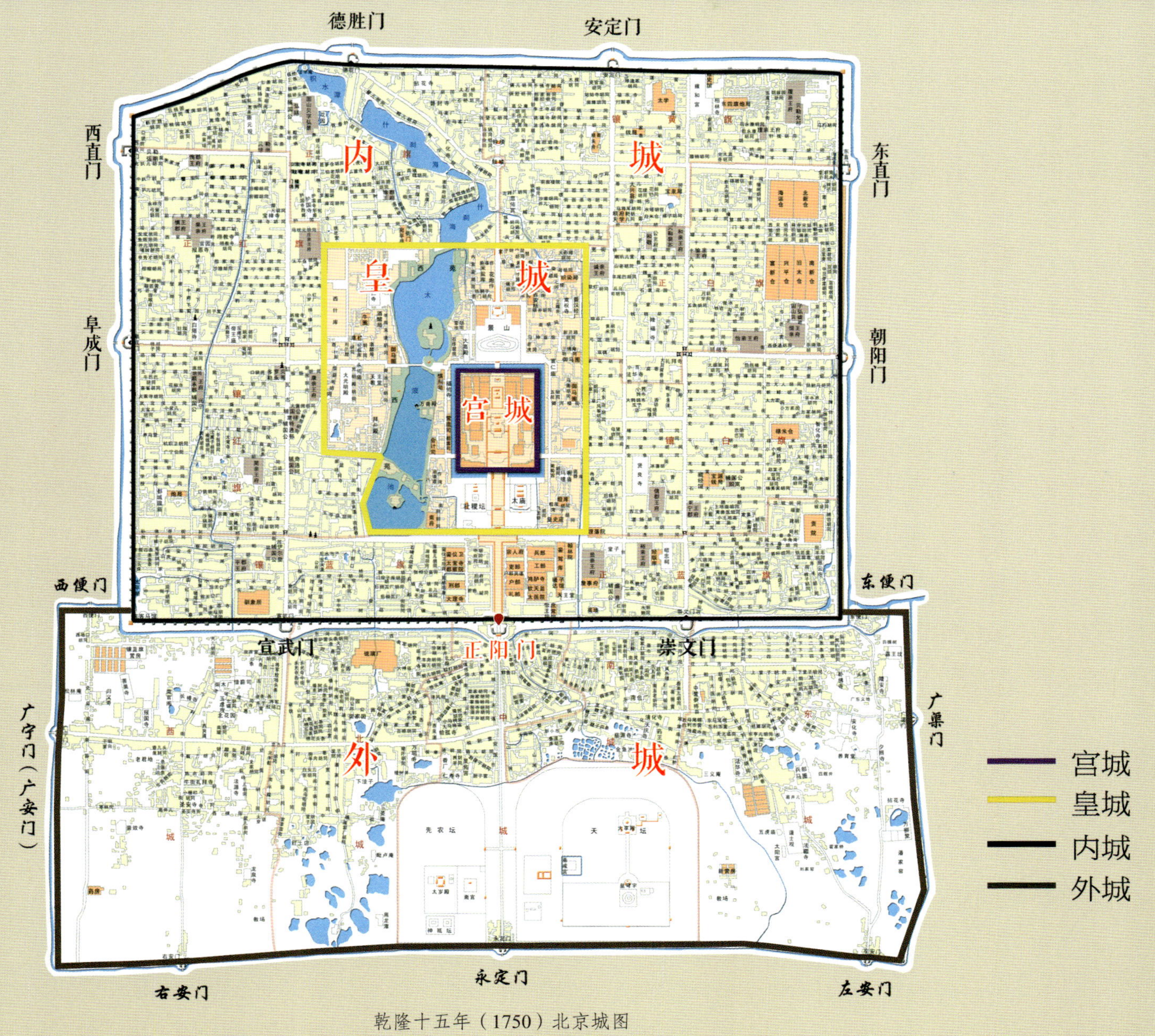

乾隆十五年（1750）北京城图

正阳门始建于明永乐十七年（1419）。明成祖朱棣在南京即位后，为了防范元代残余势力南下的侵扰，以北京为其“龙兴之地”，决议迁都北京，随即下令营建北京的宫殿和城池。在元大都基础上，将元大都的南城垣南移约二里，筑新墙，仍开三门，名称依旧，中间为丽正门，不久后更名为正阳门。因“月城、楼铺之制多未备”，正统元年（1436）修葺城楼，增建瓮城、箭楼、闸楼，疏浚城壕等，正统四年（1439）完工。正阳门规制至此完备。

1915 年改建前的正阳门全景

1915 年改建后的正阳门全景

正阳门与前门——明清时期，正阳门和前门都是指包括城楼、箭楼、瓮城、闸楼在内的一组完整建筑。正阳门是官方的正式称谓，因为其位于紫禁城与皇城的正前方，所以老百姓俗称其为前门。前门的称呼既直观形象，又饱含着亲切和亲昵的感情。

清末京奉、京汉两铁路正阳门站建成后，原本就很繁华的正阳门周边人流、车流更加密集。为缓解交通拥堵，1915 年正阳门瓮城被拆除，城楼和箭楼分成了两个独立的单体建筑。正阳门箭楼经过改建，中西结合的风格独特而鲜明，成为老北京城的象征之一。此后百姓再提到“前门”时，越来越多的就专指正阳门箭楼，“前门”一词的名气也越来越大，如今许多人只知道前门而不知道正阳门。

现在，“前门”一词也被用作地名，泛指以正阳门箭楼为中心的一片区域。

今日正阳门与已消失的瓮城叠加效果图

正阳门航拍图（1946）

正阳门的形制

城门作为中国古代城市的军事防御建筑，历经数千年的发展，形制日趋完备。明清时期的正阳门包括城楼、箭楼、闸楼、瓮城（也叫月城）、庙宇等，与整个南城垣连为一体，外有护城河绕行，形成了规模宏大、防守严密的军事防御体系。作为明清北京内城的正南门，正阳门的规制高于其余八门，地位尊崇。

“样式雷”，是对清代主持皇家建筑设计的雷姓世家的誉称。“样式”包括图样及烫样（建筑模型）。从康熙朝至清末两百多年间，雷氏家族八代人为清代皇室设计了大量建筑，留下许多珍贵建筑史料，包括设计图纸、烫样及施工日记等。正阳门城楼、箭楼的“样式雷”图样现藏北京故宫博物院。

正阳门城楼“样式雷”图样

1915 年改建后的正阳门城楼

城楼——城楼供守城将领登高瞭望，指挥作战。正阳门城楼为重檐歇山三滴水楼阁式建筑，屋顶为灰筒瓦，绿琉璃瓦剪边。面阔七间，连廊通宽41米，进深三间，连廊通进深21米。上、下两层四面均开门，二层外有回廊。城楼坐落在砖砌城台上，下有拱券（xuàn）式门洞。正阳门城楼连城台通高43.65米，在各门的城楼中最为高大。

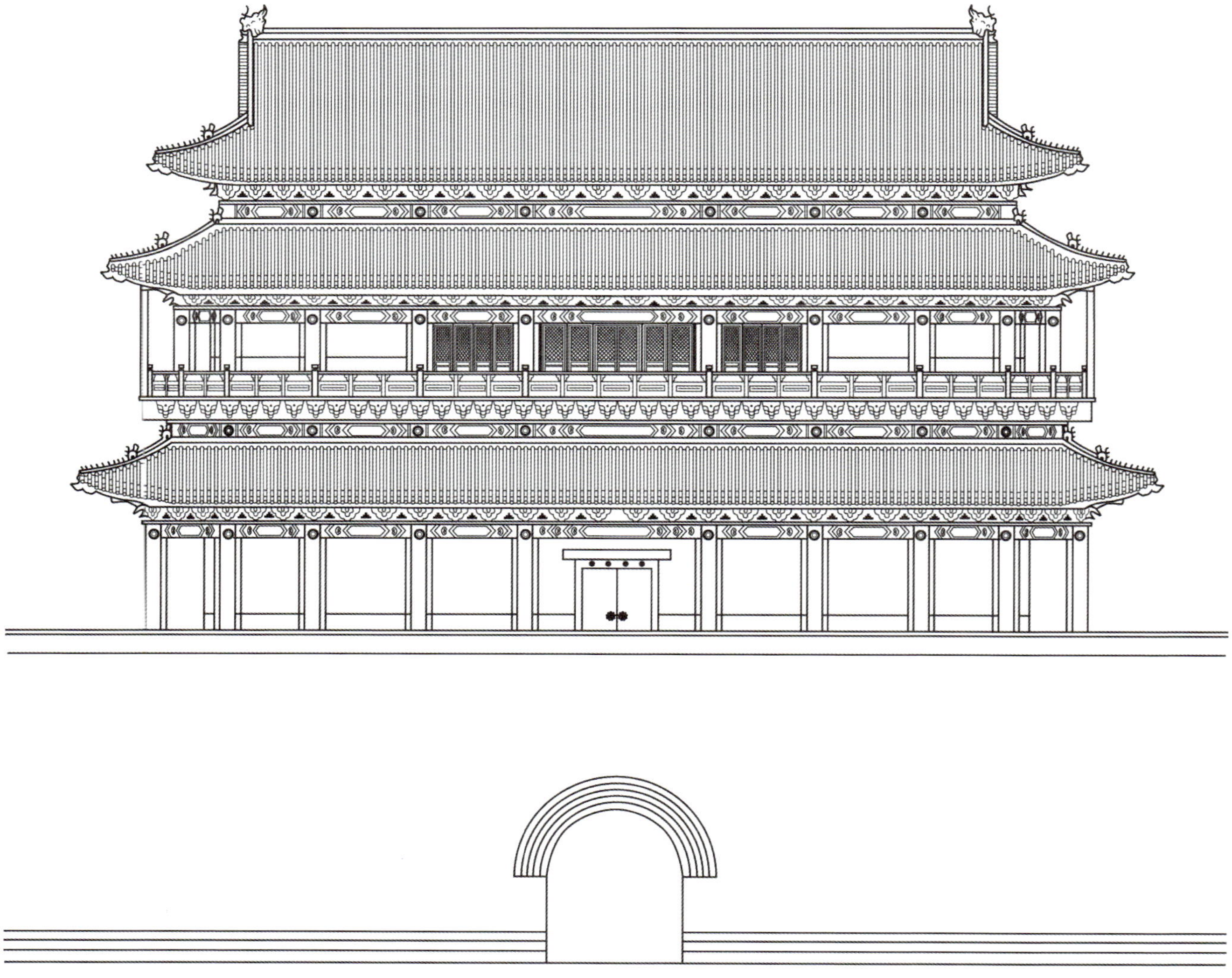

正阳门城楼立面图

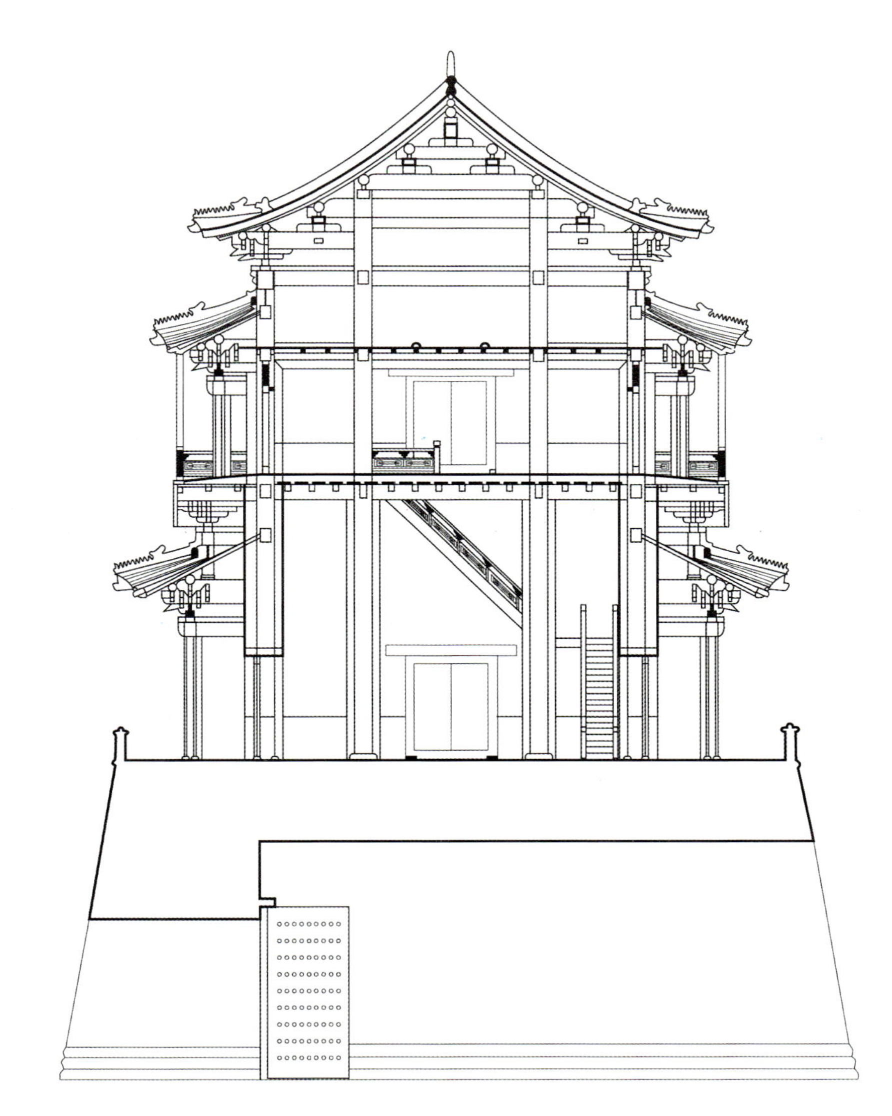

正阳门城楼剖面图

瓮城——瓮城是在城门外侧砌筑的圆形或方形小城，将城垣、门楼、箭楼、闸楼连为一体，形成对城门的保护屏障。守城人员在城上居高临下，可对攻入瓮城的敌人形成“瓮中捉鳖”之势。内城九门中，正阳门瓮城规模最大，平面形状大致呈长方形，南北长 108 米，东西宽 85 米，南端二角抹圆。

正阳门瓮城内景（1900）

明清时期北京内城的九门瓮城内都建有庙宇。除德胜门、安定门庙宇供奉真武大帝外，其余均供奉关帝。正阳门瓮城内，建关帝庙和观音庙各一座。关帝庙居西，建于明代万历年间，香火非常兴盛；观音庙居东，建于明代崇祯年间。1967 年，正阳门关帝庙、观音庙被拆除。

正阳门瓮城内的关帝庙（左）与观音庙（右）（民国时期）

正阳门关帝庙“样式雷”图样

正阳门观音庙“样式雷”图样

闸楼——闸楼是修建在瓮城之上的军事防御设施，下设券门，供官民车马进出城池，门洞上方置千斤闸。正阳门瓮城上修筑闸楼二座，分别位于瓮城的东、西两侧。其余的内城瓮城上均只设一座闸楼。外城七门的瓮城都没有闸楼。正阳门闸楼面阔三间，单檐歇山小式，屋顶为灰筒瓦，绿琉璃瓦剪边；闸楼外侧正面设箭窗二排共12孔，内侧正面辟过木方门，门两侧各开1方窗。

正阳门瓮城东闸楼

正阳门瓮城西闸楼

正阳门瓮城东、西闸楼

正阳门瓮城东、西闸楼（19 世纪 70 年代）

正阳门箭楼“样式雷”图样

箭楼——箭楼位于城楼的正前方，面向城外的三面均开设有箭窗，用于对外防御射击。正阳门箭楼为重檐歇山顶堡垒式建筑，屋顶为灰筒瓦，绿琉璃瓦剪边；面阔七间，北出抱厦五间，上、下四层，通高35.37米，在京师各门的箭楼中最为高大。箭楼下开拱券式门洞，设有双重大门，内侧为普通对开大门，外侧是可以升降的闸门（即千斤闸）。内城其他八门箭楼下没有门洞。外城七门因为没有闸楼，所以箭楼下辟有门洞。

正阳门箭楼（1907—1915）

千斤闸——依附于楼体的军事防御设施，安装于箭楼和闸楼门洞上方，可以上下开启。开闸时，闸门升至门洞以上城台内闸槽中；关闸时，闸门从闸槽中平稳落下，在城门的前方形成了又一道防御屏障。正阳门箭楼千斤闸门板为铁皮包实木，布满加固铁钉，闸门宽 6 米，高约 6.5 米，厚 9 厘米，重约 1990 公斤，主结构保存完整，是我国现存最大的古城闸门。

正阳门箭楼千斤闸（2014）

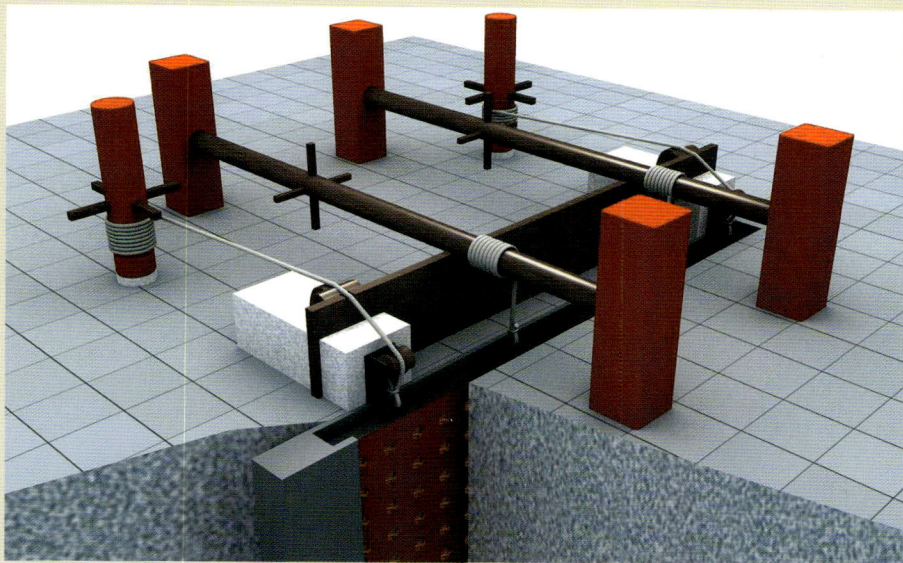

正阳门箭楼千斤闸复原效果图（王秀峰绘制）

正阳门箭楼千斤闸闸板底端局部

千斤闸的工作原理

正阳门箭楼千斤闸的闸板上端应有 4 个悬挂环，与千斤闸贯柱和贯梁相连接。每根贯柱有 2 个贯尺插孔，人工推动贯尺使贯柱旋转，贯绳稳稳压在滑车上的两个滑轮上，完成了水平绞力到垂直升降力的转换。还有一对辅助性贯梁、贯尺、贯绳结构：两根贯梁位于贯柱内侧，南北方向横跨于闸槽上方约 1 米的位置，以贯柱发力为主、贯梁贯尺转动发力为辅，完成千斤闸的升降。

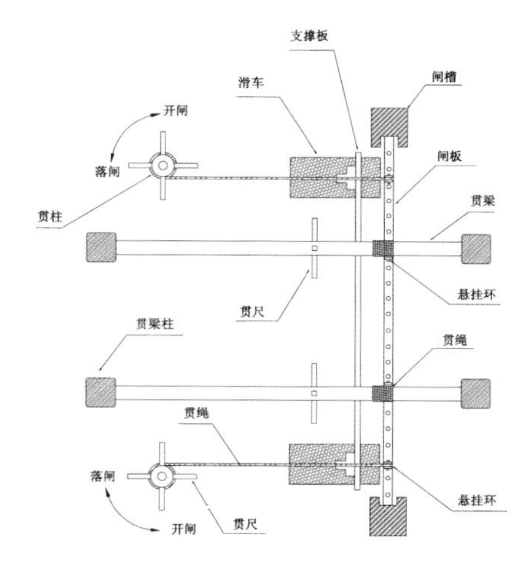

正阳门箭楼千斤闸结构示意图（王秀峰绘制）

正阳门箭楼千斤闸贯柱上的贯尺插孔

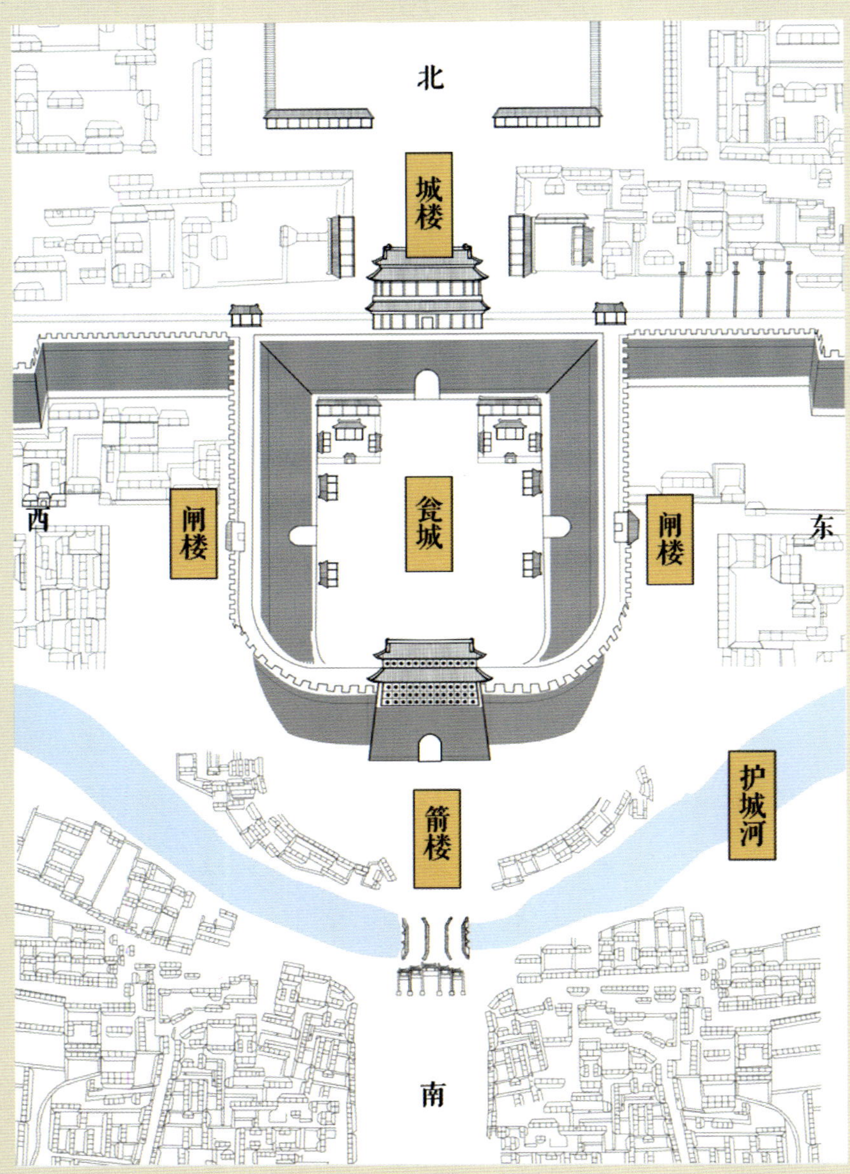

正阳门平面图（根据《乾隆京城全图》绘制）

正阳门瓮城复原图

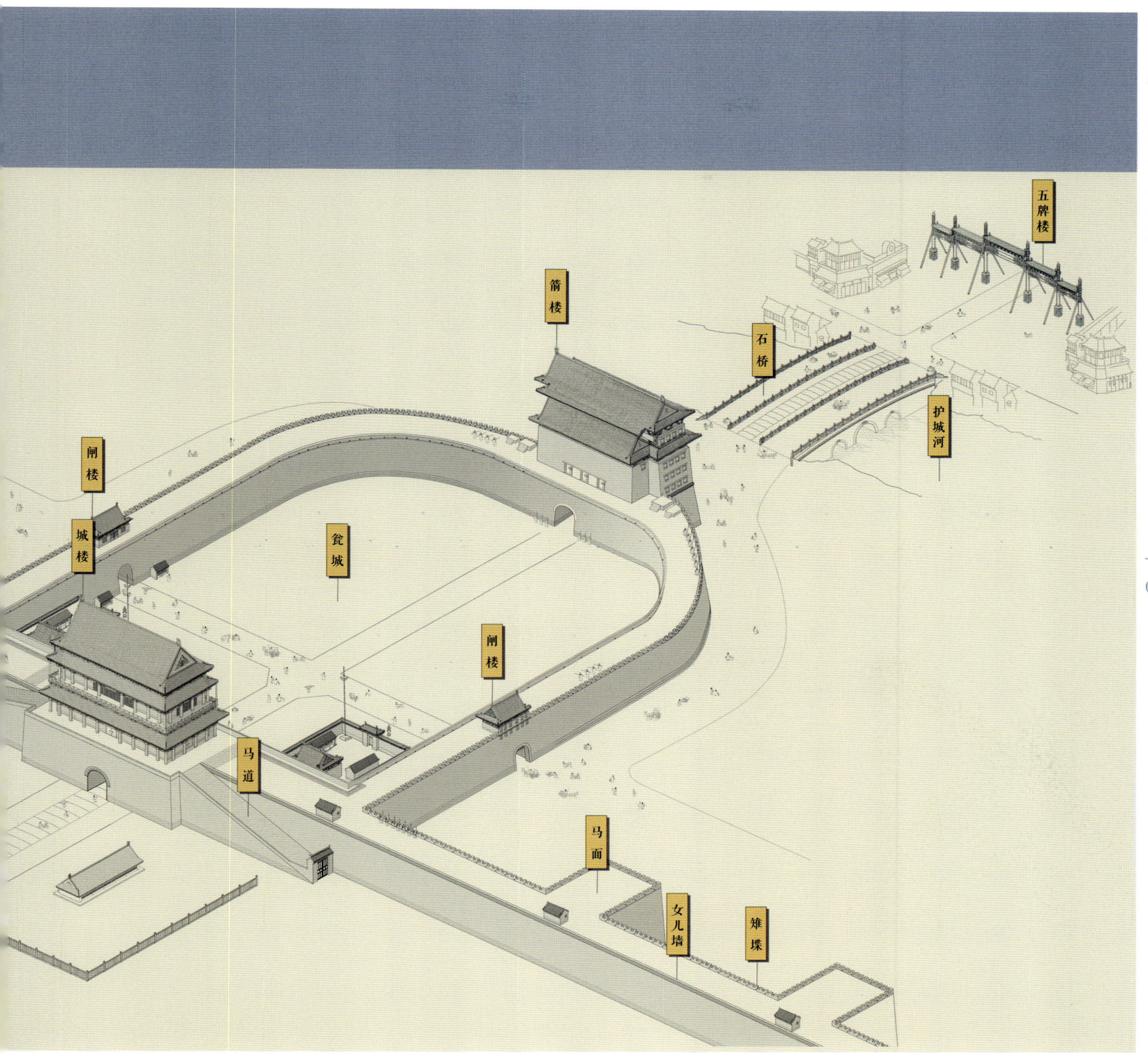
五牌楼
箭楼
石桥
护城河
闸楼
城楼
瓮城
闸楼
马道
马面
女儿墙
雉堞

城门城墙各部分构造及功能说明

明清北京城墙剖面结构

明清北京内城的城墙为夯土芯，内、外两侧均以条石为基础，上砌城砖。城墙顶部海墁城砖，外侧高内侧低。外侧砌雉堞垛口，内侧砌女儿墙，女儿墙下有泄雨水沟眼。南城墙地下有流沙层，地基中纵横交错、相互叠压 15 层长 6-8 米的圆松木，彼此间用铁扒钉连接为一个整体。

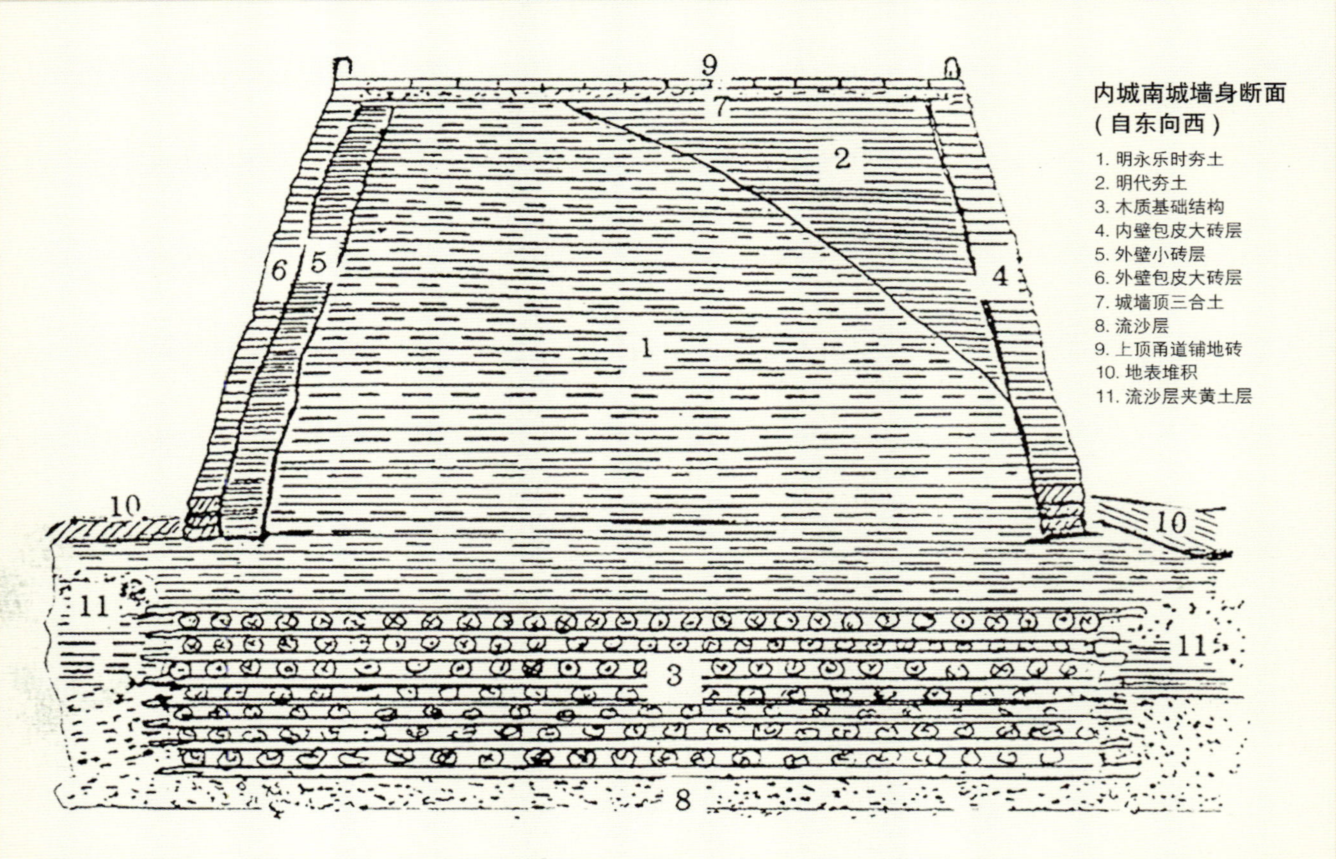

内城南城墙身断面
（自东向西）

1. 明永乐时夯土
2. 明代夯土
3. 木质基础结构
4. 内壁包皮大砖层
5. 外壁小砖层
6. 外壁包皮大砖层
7. 城墙顶三合土
8. 流沙层
9. 上顶甬道铺地砖
10. 地表堆积
11. 流沙层夹黄土层

北京内城南城墙剖面（自东向西）

城砖的规格

明代营建北京所用的城砖，多由运河两岸的府州县烧造，以山东临清最多。规格有 48cm×24cm×12cm 和 42cm×21cm×11cm 两种。

清乾隆二十年（1755）规定官窑烧造城砖“每块长一尺五寸、宽七寸五分、厚四寸”。正阳门箭楼所用城砖上，只有部分砖有印戳，为小长方形、带边框，印文在砖的短侧面。大多只标注窑厂名称、城砖用料及工艺。

宝丰窑细泥停城砖

通和窑细泥停城

万盛窑细泥停城砖

城门——城门没在城楼下，为对开大门；瓮城门设在闸楼下，没有门扇，而是千斤闸；正阳门箭楼开有券门，设对开大门和千斤闸各一座。内城其他八门的箭楼均不开券门。外城七门没有闸楼，箭楼下直接开门以供通行。

正阳门城楼大门与门钉

城门门钉——门钉最初的作用是为加固门板，而后，逐渐演变为一种装饰，成为了等级的象征。正阳门城楼、箭楼每扇门的门钉均为九排九列，共计 81 颗，和皇宫大门一样都属于最高等级。

正阳门箭楼大门与门钉

门额门匾——正阳门的箭楼、城楼上分别有石质匾额与木质匾额，上书“正阳门”三字，清代时用满、汉两种文字书写。

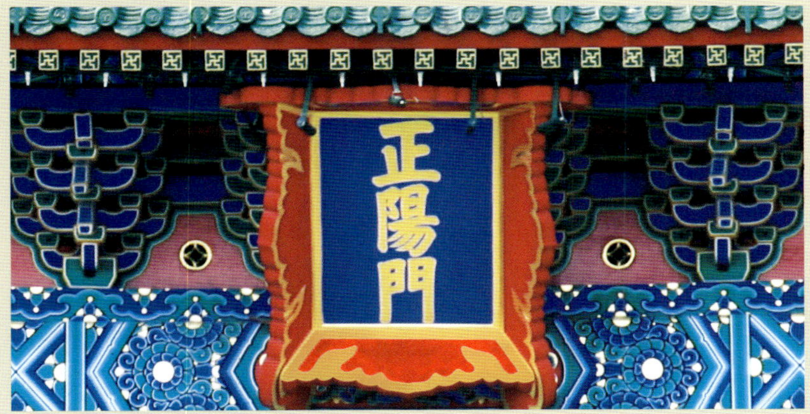

正阳门城楼楼阁上的木匾额

正阳门箭楼上满、汉两种文字的石匾额（1902）

民国以后正阳门箭楼上的石匾额（2014）

宣武门瓮城城墙上的雉堞（20 世纪 20 年代，瓮城闸楼已被拆除）

雉堞——沿城垣顶部外侧修筑的矮墙，筑为齿状，俗称垛口。在守城作战时，既能保护士兵，也便于对外瞭望和射击。

女儿墙——沿城垣顶部内侧修筑的矮墙，亦称女墙，作用是防止守城士兵失足摔下城墙。

广安门瓮城上的女儿墙（20 世纪 20 年代初）

马面——突出城墙外侧的方形墩台。既增强了墙体的牢固性，也扩大了攻击范围。守城时，相邻两座马面和城墙组成了交叉火力网，可以居高临下，三面射杀来犯之敌。

宣武门至正阳门之间的城墙马面（20 世纪 20 年代初）

正阳门箭楼（民国时期）

德胜门箭楼（清末）

箭窗——在箭楼和闸楼墙体上为对外防御射击而开的窗孔。正阳门箭楼东、西、南三面开箭窗共94孔，闸楼正面开箭窗12孔。

西直门瓮城闸楼（20世纪20年代初）

永定门箭楼（民国初年）

内城东南角楼（1894）

外城西北角楼（20 世纪 20 年代初）

铺舍——城墙顶上的房屋，供守城士兵休息或存放武器械具。明代称为铺舍房，清代称为堆拨房。基本上每座马面之后的城墙顶部都筑有铺舍一所。

崇文门城楼东侧城墙上的铺舍（1900）

崇文门城楼西侧城墙上的铺舍（图片来自阿尔方斯·冯·穆默著《穆默的摄影日记 /Ein Tagebuch in Bildern》）

马道——供士兵及马匹、车辆上下城墙用的斜坡道，附贴在城墙内侧墙体上。北京内城的马道左右成对，共27对（54条）。外城登城马道不尽是成对修筑的，有的地段仅修一条。

西直门城楼南侧马道（20世纪20年代初）

崇文门城楼及北侧东马道（图片来自《穆默的摄影日记 /Ein Tagebuch in Bildern》，原书误为阜成门）

护城河——城墙外开凿的人工河，既有防御功能，也具城市排水和漕运作用。箭楼外的护城河上建有石桥。九门中，正阳门外石桥的规模最大，桥面分三路，中间一路为御道。

内城东南角楼前的护城河（20 世纪 20 年代）

正阳门外护城河上的石桥（图片来自阿尔方斯·冯·穆默著《穆默的摄影日记 /Ein Tagebuch in Bildern》）

正阳门城楼（南面）

正阳门箭楼（南面）

德胜门箭楼（西北面）

永定门城楼（南面）

正阳门箭楼（北面）

德胜门箭楼（南面）

古人怎么进出城

明清时期，由于城门外还有瓮城，加上严格的礼仪制度，因此进出城并不像现在这么简单和轻松。

从外城七门进京，可以上石桥，穿过瓮城门洞、瓮城、城门洞，就到了外城里面了。

如果从正阳门进内城，您要走石桥的两侧，绕到瓮城东、西两侧，穿过闸楼门洞、瓮城、城门洞，才能进入内城。石桥中间一道和箭楼门洞只能皇帝走。

德胜门等其余内城八门，只在瓮城一侧设闸楼、辟门洞，供行人通行。

想去看看天安门？对不起，过去普通老百姓只能进到外城和内城，进不了皇城和宫城。如果您拉了货物想进城去卖，在城门口还得先交税。

进城您别晚了。城门酉时（17:00）关，卯时（7:00）开，夜里有急事想进出城，必须要有合符。晚上也甭想去前门大栅栏逛街，一更三点到五更三点（20:12—次日 6:12）城里实行“夜禁”，禁止行人走动。主要路口都有栅栏拦着、兵丁看守，如果犯夜被抓住，就得挨板子。

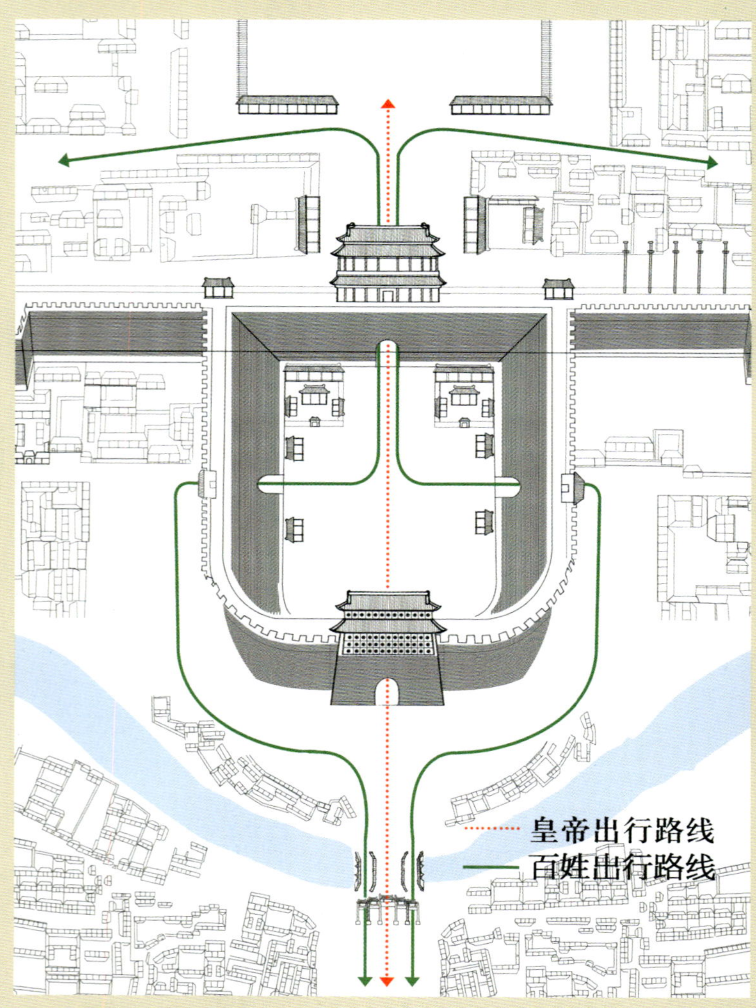

进出正阳门路线示意图

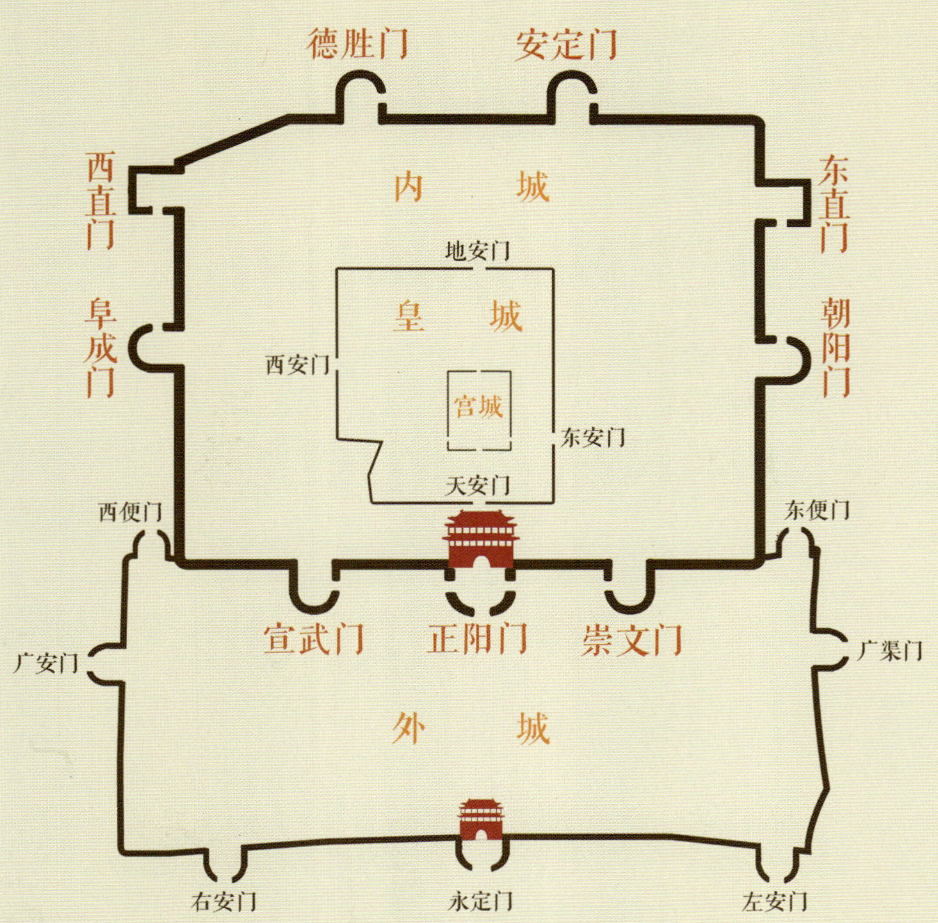

清代北京内城、外城各门瓮城的门洞开口方向示意图

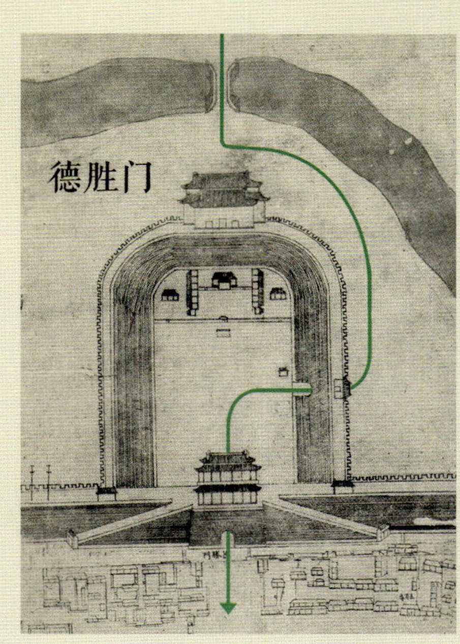

从德胜门进城路线示意图

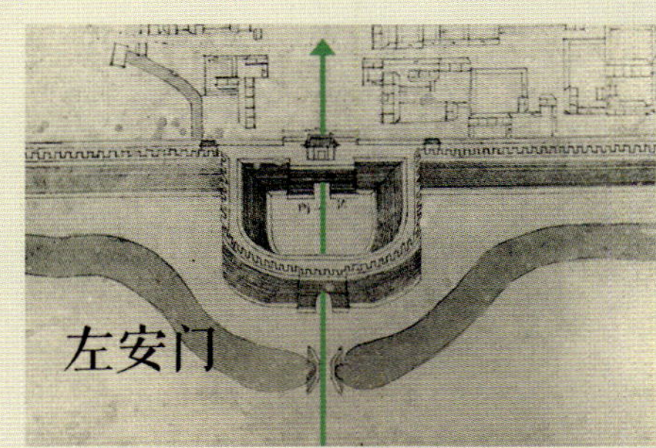

从左安门进城路线示意图

正阳门周边地区的变迁

在正阳门城楼的北面，原有一座三阙的大明门（清称大清门，民国时期改称中华门）。大明门与正阳门之间的广场是棋盘街。在大明门与天安门之间是由千步廊、长安左门、长安右门合围而成的“T”形广场。广场中间御道两侧建有廊庑，称为“千步廊”，两侧集中了明清时期的中央衙门，东边是礼部、吏部等文职衙署，西边为五军都督府、锦衣卫等武职衙署。1952 年，长安左门和长安右门因影响交通被拆；随后在扩建天安门广场时，拆除了中华门、衙署、棋盘街等建筑；1958 年，人民英雄纪念碑落成；1977 年，毛主席纪念堂落成，形成了现在天安门广场的建筑布局。

正阳门北面的棋盘街、大清门及远处的天安门城楼（1860）

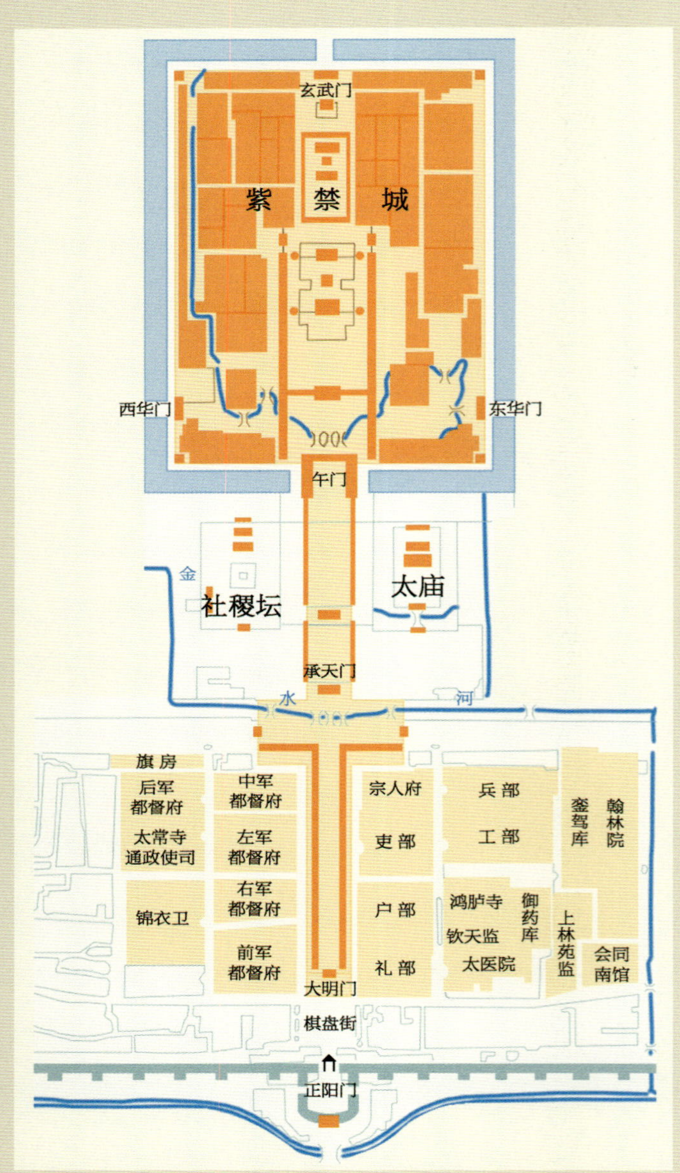

明代的天安门广场

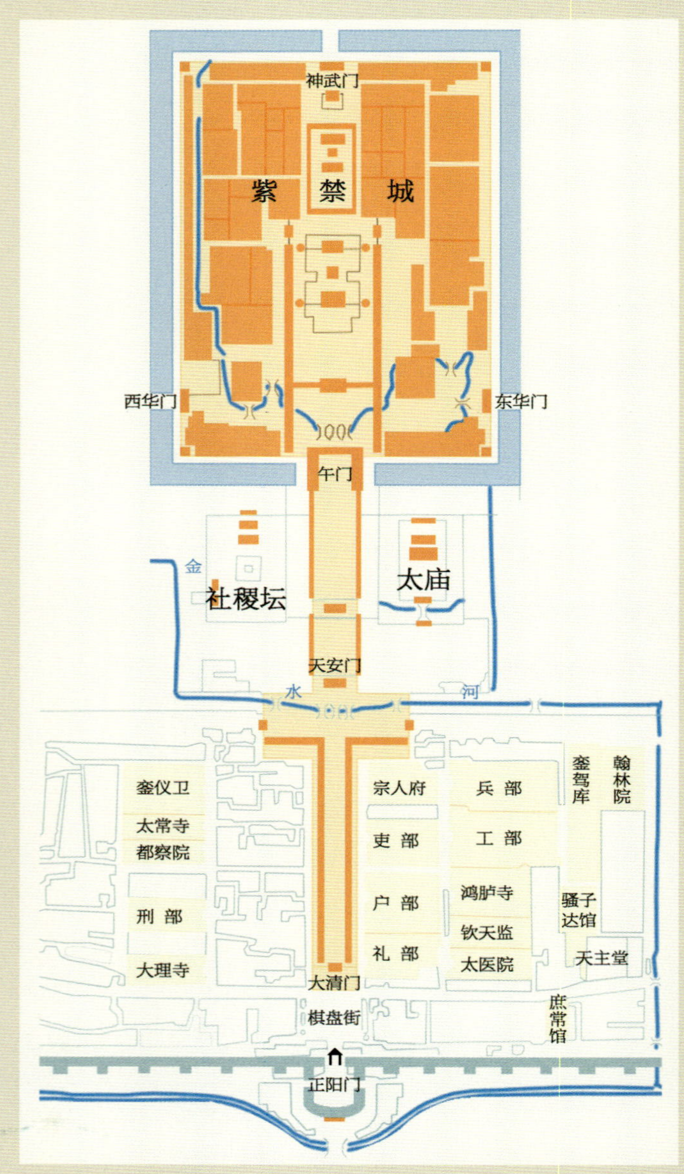

清代的天安门广场

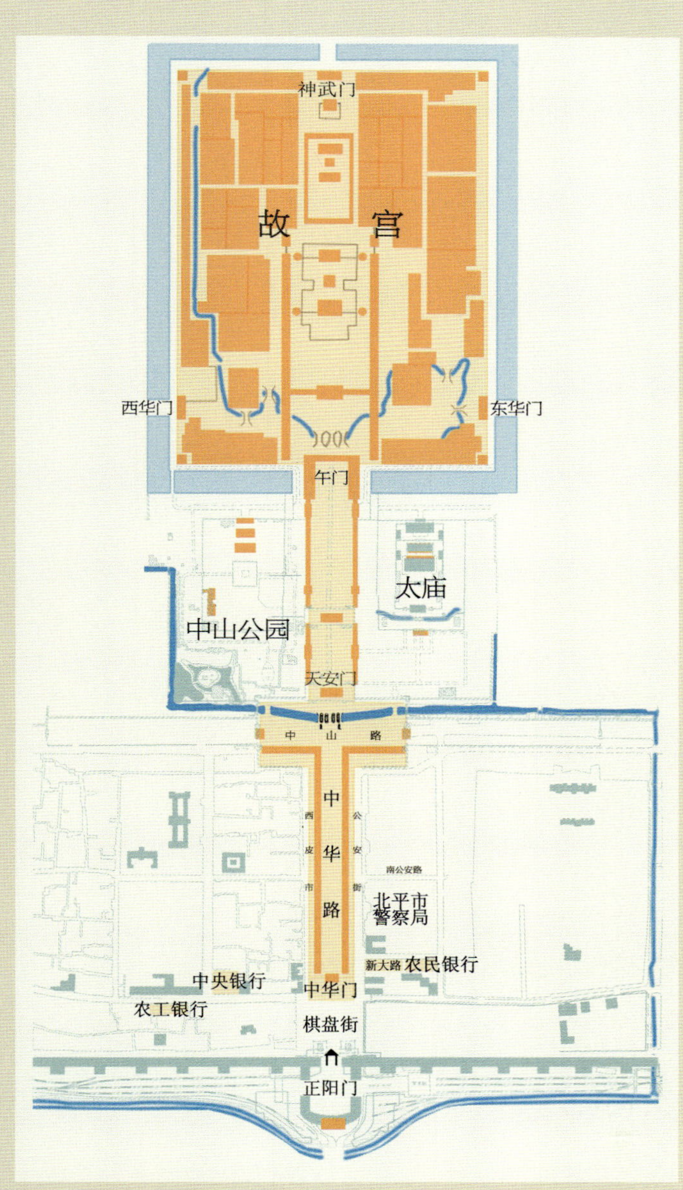

1949 年的天安门广场

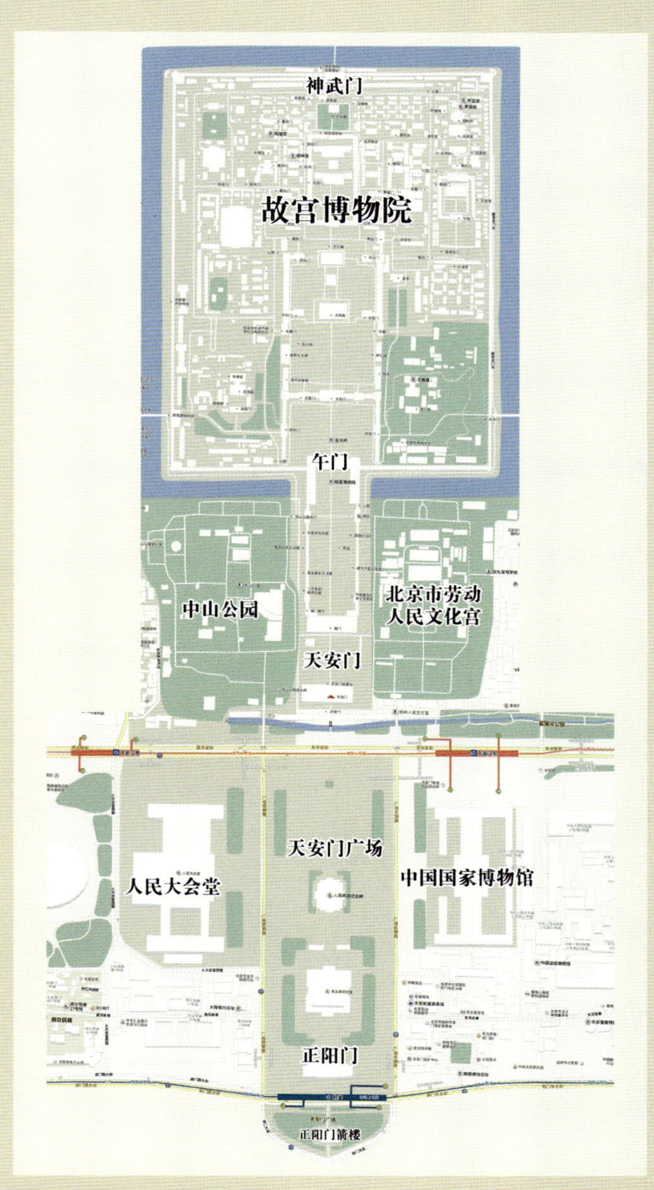

2014 年的天安门广场

大明门的变迁

大明门位于天安门正南约700米处，是皇城的外南门，明代称大明门，清代称大清门，民国元年（1912）改名为中华门。

大明门为砖石结构，没有城台，单檐歇山黄琉璃瓦顶，开券门三间。它位于北京城的中轴线上，是皇城与市井的分界，虽然体量不大，但庄严厚重、规制很高。明永乐年间建成时，大学士解缙题写门联“日月光天德，山河壮帝居”。

崇祯十七年（1644）三月十八日，李自成率兵攻入北京。四月初一，改大明门为大顺门。同年九月，清顺治帝福临自盛京迁都北京。十月初一即皇帝位，改此门为“大清门”，规制不变，门额用满、汉两种文字。

中华民国成立后，于1912年10月9日，取下“大清门”匾额，悬挂顺天府尹王治馨书写的汉文木质横匾。1914年换为木质竖匾，王治馨所题横匾当时存于先农坛。1917年7月1—12日张勋复辟期间，中华门上短暂换回“大清门”门匾，之后重又恢复为竖匾。“大清门”旧匾当时存于故宫，今存何地无考。

1958年天安门广场扩建时，拆除了此门。1976年，在此处建造了毛主席纪念堂。

大清门（1909）

大清门与棋盘街（清末）

大清门（1901）

中华门新制木质横匾和门前彩牌楼（1912 年 10 月 10 日）

中华门上悬挂的木质横匾（1912—1914）

“讨逆军”粉碎张勋复辟后，准备换下“大清门”横匾（1917 年 7 月）

中华门（1946 年，Dmitri Kessel 摄）

1914 年以后中华门上悬挂的木质竖匾（1928）

中华门及施工中的人民英雄纪念碑（1957）

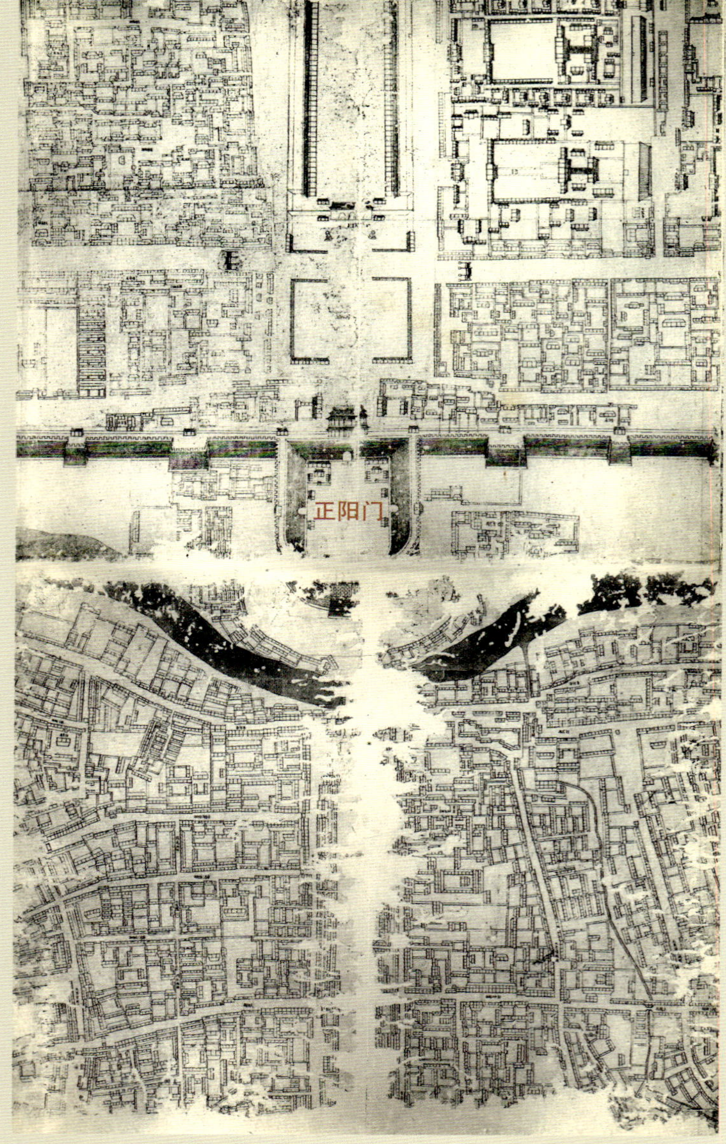

《乾隆京城全图》中的正阳门

《乾隆京城全图》

《乾隆京城全图》又称《清内务府藏京城全图》，是北京第一幅完整的大比例尺内、外城区实测地图。由海望、郎士宁、沈源等绘，完成于清乾隆十五年（1750）。纸底墨线勾绘，装裱裁切为上下17排，每排由左、中、右三册组成，共计51册。拼合后全图高14.144米，宽13.504米，比例约合1:650。该图绘法精详，且以写真的手法显示主要建筑物的立面形状。内、外两城的形状、城墙和城门的构筑细节，以及大小街巷、胡同的分布均清晰可见；宫殿、园囿、庙坛、府第、衙署以及钟楼、鼓楼、仓廒、贡院等主要建筑的平面形制皆出于实测；民居、宅院、房舍等亦有表示。《乾隆京城全图》是了解清代北京城市面貌的最权威、最形象的资料，是地图史上的奇迹。原图现存中国第一历史档案馆。

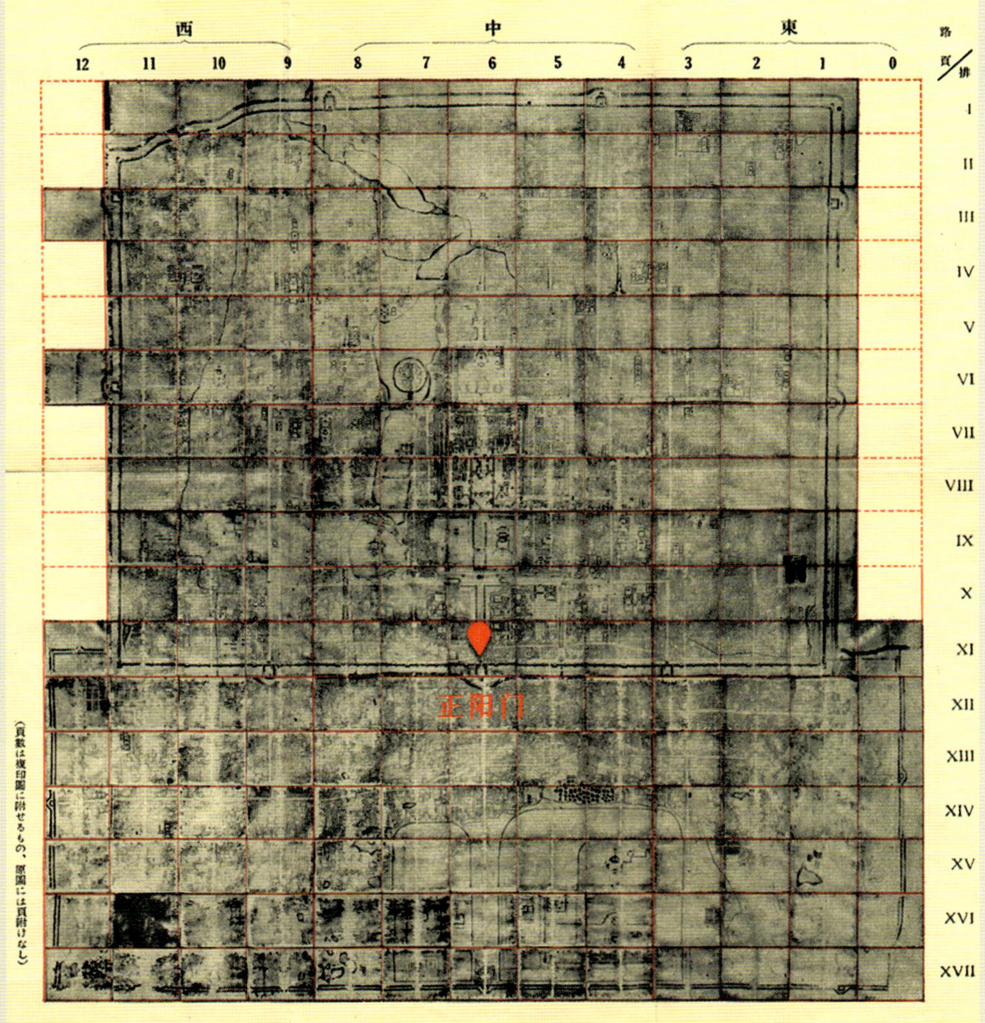
乾隆京城全圖配列圖
西
中
東
路
頁
排
12
11
10
9
8
7
6
5
4
3
2
1
0
I
II
III
IV
V
VI
VII
VIII
IX
X
XI
XII
XIII
XIV
XV
XVI
XVII
正阳门
（頁數は複印圖に附せるもの、原圖には頁附けなし）

《乾隆京城全图》

正阳门的职司

明代北京内城诸门，由内官（太监）管理。每门设提督九门太监一员，副提督一员，掌司一员，管事官数十员。正阳门守官兼管外城永定门。

清初，京师内城九门由兵部职方司监管，每门设城门领、城门吏。康熙十三年（1674）以后改由步军统领执掌九门事务，每门设城门尉、城门校。乾隆十九年（1754），又改为城门领、城门吏。我们常说的“九门提督”其官职全称为“提督九门步军巡捕五营统领”，简称“步军统领”，品级初为正二品，嘉庆四年（1799）升为从一品。步军统领衙门负责京师守备和社会治安，把守的不仅是内城九门，也包括外城七门。其统率的部队长期保持在 3 万人左右，且人员精干、装备精良。

總管 八旗總設一員
五品官 每旗一員
京城內九門
城門尉 每門一員滿洲官
城門校 每門二員滿洲官
千總 每門二員綠旗官
京城外七門
城門尉 每門一員漢軍官
城門校 每門一員漢軍官
千總 每門二員綠旗官○內外十六門原設指揮千百戶○順治四年改爲千總

《大清会典·康熙朝》关于康熙朝京师城门管理的记述

三分厚九分鎮守掛印總兵官銀印虎紐二臺
方三寸三分厚九分提督九門步軍統領銀印
虎紐二臺方三寸三分厚九分以上均柳葉篆
文詹事府通政使司大理寺銀印直紐方二寸
九分厚六分五釐太常寺內務府各省提刑按
察使司京衛宣慰司銅印方二寸七分厚九分
武備院上駟院奉宸苑光祿寺太僕寺鹽運使
司外衛守備各城守尉銅印方二寸六分厚六
分五釐鴻臚寺國子監外府宣撫司銅印方二
寸五分厚六分內院左春坊右春坊司經局欽

《钦定大清会典事例》关于提督九门步军统领银印的记述

欽定大清會典事例卷一千一百四十二
八旗都統
公式 直班 火班
直班○順治元年定
京師內城九門每門設城門領各二人城門吏各
二人指揮千戶各二人馬甲二百六十名礮甲
十八名外城七門每門設城門領各一人城門
吏各一人指揮千戶各二人馬甲礮甲共七十
名○四年改名各城門指揮千戶爲門千總○
雍正二年奏八旗官兵看守倉庫與外藩進貢

《钦定大清会典事例》关于清初京师城门管理的记述

清代铜令牌——正面
（首都博物馆藏）

清代铜令牌——背面
（首都博物馆藏）

明代崇祯款象牙关防
（首都博物馆藏）

明代官军守卫铜腰牌——正面
（首都博物馆藏）

明代官军守卫铜腰牌——背面
铭文为“凡守卫官军悬带此牌，无牌者依律论罪，借者及借与者罪同”。
（首都博物馆藏）

清代宵禁时的出城律令

清代实行宵禁，城门启闭均有一定时刻。城门关闭后若有要事紧急出入，则需有谕旨或特制门符。门符由铸有凹、凸文字的两扇符牌组成，分别保管在步军统领和城门领处，宵禁后城门领见到阳文（凸字）符牌，需拿阴文（凹字）符牌勘验，完全吻合后方可放行。

清代通行城门的符牌——“圣旨开阜成门”门禁符（首都博物馆藏）

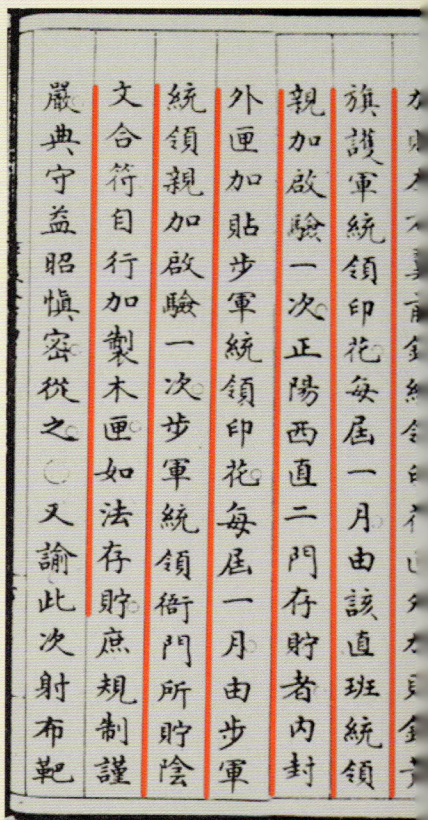

旗護軍統領印花每屆一月由該直班統領親加啟驗一次正陽西直二門存貯者內封外匣加貼步軍統領印花每屆一月由步軍統領親加啟驗一次步軍統領衙門所貯陰文合符自行加製木匣如法存貯庶規制謹嚴典守益昭慎密從之○又諭此次射布靶

《清实录・仁宗实录》关于符牌保管的记

凡擅打值宿兵丁。舊例。官員將看街步兵擅令
家人毆打者。革職。拿至家中毆打者。革職交刑
部。若因有事夜行。兵丁留難。毆打致傷損者。罰
俸六個月。○康熙十二年題准。官員將看街步
兵拿至家中毆打者。革職。致傷損者。革職交刑
部。如果有視疾祭祀嫁娶宴會等事。兵丁故意
留難者。兵丁鞭五十
凡城門啓閉。部院差役夜間出城。須有各該衙
門印文。都虞司等衙門差役。須有內務府印文
方准放出。如係奉
旨差遣。及緊急軍務。該城門尉城門校查問姓名。登
記明白。開門放出。次日報部。其城外居住官員
遇上
朝。啓奏日期。俱於鳴鐘後開門
凡濫責該屬。順治初定。該管官將本佐領下婦
女責打者。罰俸一年。懷挾私忿。將該管人丁責
打者。罰俸兩個月。嚇詐財物者。革職交刑部。○
康熙十二年題准。佐領不因公事。將佐領下男
婦無故責打者。罰俸一年。挾仇責打者。降一級
罰俸一年。需索財物不遂。責打者革職

管伊亦未查驗等語。京城內外門。及皇城紫
禁城各門。設立合符。規制綦嚴。今步軍統領
衙門如此輕率交代。殊不足以昭慎重。著交
軍機大臣詳悉查明。一併妥議章程。於啟鑾
前具奏。尋議。嗣後各門所貯陰文合符。用黃

《大清会典·康熙朝》关于夜间持衙门印文出城的律令记述

清代北京城门的兵力部署

在清代，内城九门由满洲八旗防守，外城七门由汉军八旗看守，守兵总计 970 名。正阳门由满洲八旗轮值，派驻甲兵 20 名，绿旗门军 40 名。崇文等八门均按八旗驻营位置，每门分别设甲兵 30 名，绿旗门军 40 名。外城七门每门派驻八旗汉军甲兵 10 名，绿旗门军 40 名。

名
監守白塔信砲每旗設砲手四名撥什庫四名
甲兵十六名
京城內九門各設滿洲甲兵看守正陽門八旗甲
兵共二十名安定門鑲黃旗甲兵三十名德
勝門正黃旗甲兵三十名東直門正白旗甲
兵三十名西直門正紅旗甲兵三十名朝陽
門鑲白旗甲兵三十名阜城門鑲紅旗甲兵
三十名崇文門正藍旗甲兵三十名宣武門
鑲藍旗甲兵三十名〇又每門各設綠旗門
軍四十名
京城外七門各設漢軍甲兵看守東便門鑲黃旗
甲兵十名西便門正黃旗甲兵十名廣渠門
正白旗甲兵十名廣寧門正紅旗甲兵十名
左安門鑲白鑲藍二旗甲兵十名右安門鑲
紅旗甲兵十名永定門正藍旗甲兵十名〇
又每門各設綠旗門軍四十名

《大清会典·康熙朝》关于清代京城十六门兵力部署的记述

清代正阳门守御武器配置

守御各城门的武器主要是炮、弓箭、长枪、鸟枪等。“内城正阳门信炮五，大炮十，炮车十，火药一瓮，计三十斤。号杆、龙旗、号镫各五。櫜鞬（gāo jiàn, 盛放箭和弓的口袋）二十，弓二十，矢四百，架二座。鸟枪、长枪各二十，架二座。”

守禦器械。內城正陽門信礮五。大礮十。礮車十。火藥一甕。計三十斤號杆龍旗號鐙各五。撒袋二十。弓二十。矢四百。架二座。鳥槍長槍各二十。架二座。餘八門如之。雲牌各一。崇文門東直門鐘各一。無雲牌。正陽門鎖鑰四。紅杖四十。餘八門半之。正陽崇文宣武朝陽四門。激箭各一。正陽朝陽阜成西直安定五門各儲墊板十六塊。崇文等八門共分儲舊礮一千八百二十七。外城永定門鎖鑰二。雲牌一。撒袋十。弓十。矢二百。長槍十。銅礮五。礮車五。火藥二千斤。餘六門均如之。永定門烘藥二十九斤。右安門十四斤。餘五門各儲二十八斤有奇。西便門紅杖二十。廣甯門紅杖十。餘各四十。

京師城垣修葺。原定城垣房屋衙門工完令部臣查驗堅否。工作不堪者即令原管工官修理。如果堅固。仍定限三年內塌壞者責令賠修。

順治十七年題准。由部委官不時巡視內外城垣。凡有損壞。即行修葺。康熙五年題准。內城下護城河岸。遇有水衝處。由部委官修築。外城河岸。順天府及五城官修築。又題准。凡城上

《钦定大清会典事例》关于清代京城十六门防御武器的记述

光绪二十七年（1901）六月，北京内城九门防御配置

正阳门

2员

45人

镶蓝旗汉军官2员　士兵45人

崇文门

正蓝旗汉军官10员　士兵200人

10员

200人

神威炮14门、制胜炮5门、神功炮2门、台湾炮1门、德胜炮1门、神机神枢炮106门、火药100斤

东直门

正白旗汉军官12员　士兵180人

12员

180人

大炮29门、神机神枢炮111门、存火药44斤10两

西直门

正红旗汉军官1员　士兵32人

1员

32人

神威炮14门、大台湾炮3门、制胜炮6门、木箱炮3门、铁心铜炮6门、大铜心炮2门、神机神枢炮106门

德胜门

正黄旗汉军官4员　士兵140人

4员

140人

木箱炮1门、台湾炮2门、制胜炮6门、神威炮14门、神机神枢炮106门、火药1000斤

大城炮 8 门、制胜炮 3 门、神威炮 9 门、铁心铜炮 4 门、神机神枢炮 109 门

宣武门

镶蓝旗汉军官 2 员　士兵 42 人

2 员　42 人

大城炮 14 门、神威炮 9 门、铁心铜炮 2 门、制胜炮 3 门、神机神枢炮 106 门

朝阳门

镶白旗汉军官 8 员　士兵 300 人

8 员　300 人

神威炮 14 门、铁心铜炮 4 门、神功炮 1 门、台湾炮 2 门、制胜炮 6 门、红衣炮 3 门、木箱炮 2 门、德胜炮 1 门、神机神枢炮 106 门

阜成门

镶红旗汉军官 2 员　士兵 125 人

2 员　125 人

台湾炮 6 门、神威炮 18 门、浑铜炮 2 门、木箱炮 2 门、铁心铜炮 6 门、制胜炮 6 门、神机神枢炮 106 门

安定门

镶黄旗汉军官 4 员　士兵 250 人

4 员　250 人

神功炮 3 门、台湾炮 2 门、制胜炮 6 门、神威炮 14 门、神机神枢炮 106 门、木箱炮 1 门

国门彰礼仪
THE GATE OF RITUALS AND

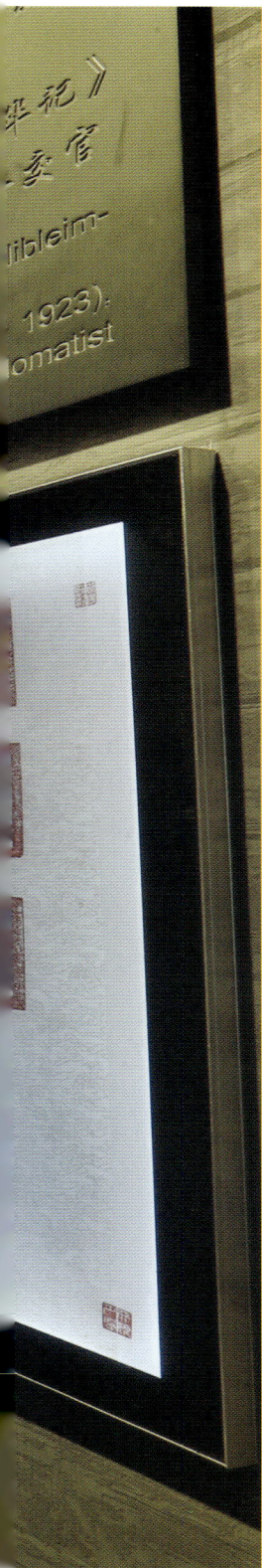

第二单元　国门彰礼仪

“内城中央的城门（前门）仍旧保持着原来的样子。穿过这座城门或站在城门下面时，人们就会产生一种难忘的印象，感到这座独一无二的首都所特有的了不起的威严高贵。”

——《一个美国外交官使华记》

保罗·S. 芮恩施（1869—1923），美国前驻中国大使、美国学者、外交官

礼仪之门

正阳门位于宫城和皇城的正前方，坐落于北京城的中轴线上。地理位置的特殊，使其在封建帝王时代，除具有城门的军事防御和交通往来的功能外，还兼有内向“仰拱宸居”、外向“隆示万邦”之用，因而成为一座礼仪之门。命名“正阳”，是取“圣主当阳，日至中天，万国瞻仰”之意。正阳门箭楼之门是专为皇帝出行开辟的，只有在皇帝祭天或出巡时才开启。

《康熙南巡图》（局部）

《康熙南巡图》共有十二卷，由清初著名宫廷画师王翚（huī）等人合力完成。画作以写实的手法，描绘康熙帝第二次南巡（1689）的主要历程，从离开京师到沿途所经过的山川城池、名胜古迹、风土人情、市井生活等景象均有表现，场面宏大、人物众多，开创了清宫大型纪实绘画的先河，史料价值和艺术价值很高。后散佚，分藏于故宫博物院及国外博物馆或私人手中。此处展出的是第12卷中康熙回銮经过正阳门的场景。该卷现存北京故宫博物院。

《乾隆南巡图·启跸京师》（局部）

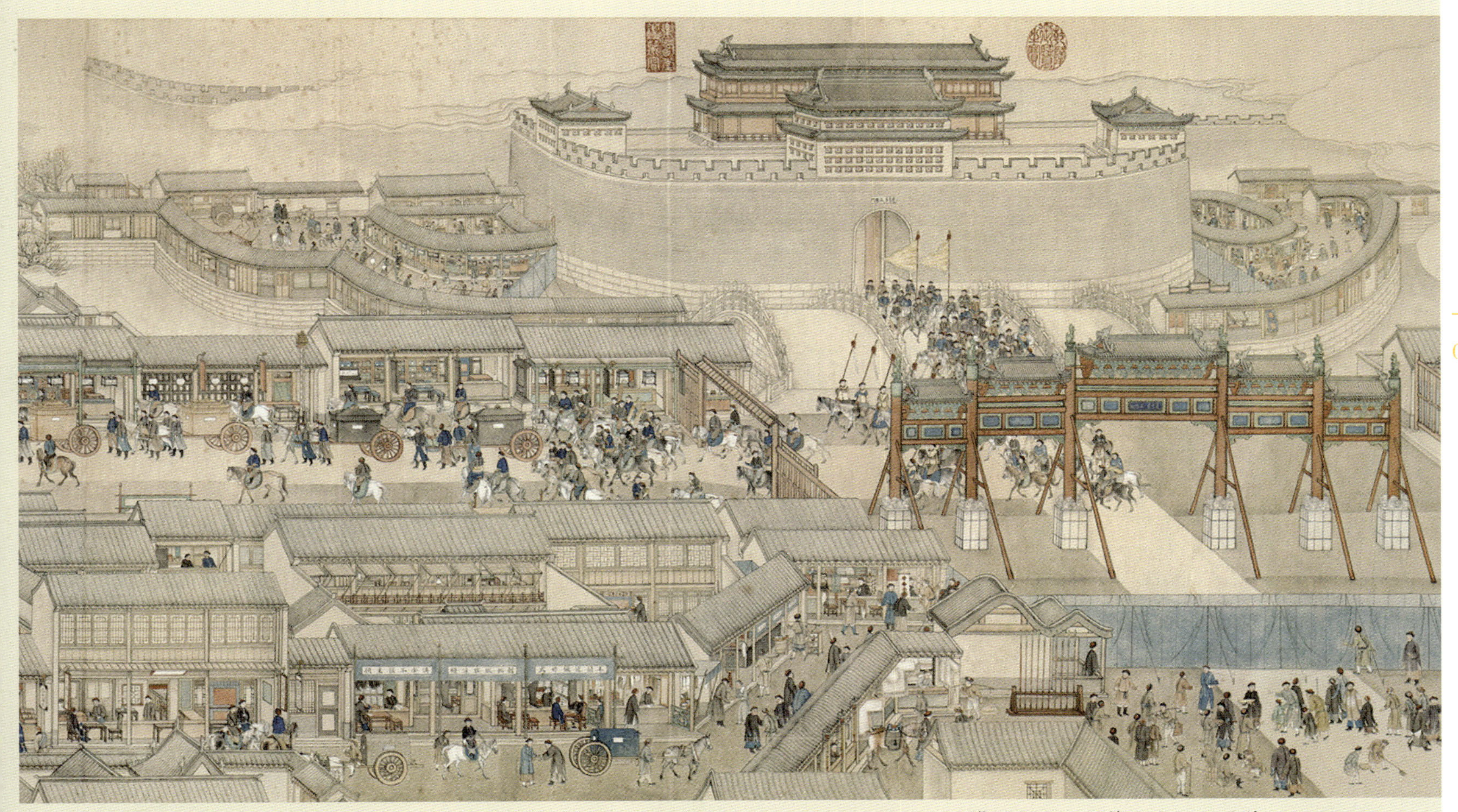

画卷开始，赫然入目的是宏伟壮丽的正阳门城楼、箭楼，以及金碧辉煌的五牌楼。数十名手擎豹尾枪、腰挎弓矢仪刀的侍卫从正阳门箭楼门洞骑马而出；石桥上，领侍卫内大臣、司纛（dào，大旗）侍卫长和建纛亲军护卫着两面殿后的黄龙大纛旗。为了让官民回避，在五牌楼前等处路口都临时设置了双层的蓝布围幛。

明清时期入夜实行宵禁。从明弘治元年（1488）开始，为了加强社会治安，在内城的胡同口设置木栅栏，昼开夜闭，并派兵丁把守。康熙九年（1670），下令外城也按内城之制设立栅栏。前门外的廊房四条特别繁华，这里的栅栏更为高大壮观，久而久之，“大栅栏”就取代“廊房四条”而成为正式街名。今天这些栅栏都已无存，我们只能从图上看到昔日京城栅栏林立的景象。

拥有500多年悠久历史的前门大栅栏地区，形成了以廊房头条的灯笼街、廊房二条的玉器街、大栅栏街的商业街、珠宝市的珠宝和银炉、门框胡同的小吃街、施家胡同的银号街等为主题的产业聚集区。北京专卖灯笼的“灯笼铺”，就集中在前门外廊房头条一带，以至这里被誉为“灯笼大街”。

店铺的招幌大致可分为形象幌、标志幌和文字幌三种。形象幌是以商品货物的图样和模型为特征，如面食铺的形象幌下端迎风飘扬的流苏，象征面条，上面的罗圈象征笸箩；文字幌是悬挂字牌书写长串宣传字句挑挂在门前，标明所经营的商品与服务；标志幌则主要是旗幌。

缓缓行进的明黄色双层穹盖轿子，是圣母皇太后乘坐的凤辇（niǎn）。凤辇由16人抬着，两侧各有两名侍卫随从，凤辇后面是皇后、妃、嫔所乘的三辆凤车和两辆仪车，最后是两辆双轮马车。每辆车驾都有数名校尉步行护卫。

老北京在春节时大门贴对联，门楣下贴“挂签”。“挂签”也叫挂钱、挂千，是带有吉祥文字或图案的彩色剪纸，代表喜庆、吉祥。清代周宝善有年俗诗云：“先贴门笺次挂钱，撒金红纸写春联。竹竿儿紧束攒笤帚，扫房糊窗算过年。”

路边一座衙门双门紧闭，上贴“翰林院封”的封条。说明春节期间衙门也休息，封印、封门，欢度新年。

“有个面铺面冲南，挂着蓝布棉门帘。”冬季北京天气严寒，门上要挂门帘，以抵御凛冽的寒风。

拉“冰床”是冬季北京城里的一道风景。《帝京岁时纪胜》记载：“寒冬冰冻，以木作床，下镶钢条，一人在前引绳，可坐三四人，行冰如飞，名曰拖床。”《燕京杂咏》记载：“引河一道冻城根，寒玉能坚沏底痕。唤坐冰床载人去，顺城门外到前门。”

旧时北京水井水质不佳，住户都预备三种水，苦水洗衣服，二性子水做饭，喝茶才用甜水。也留下大甜水井等有意思的地名。

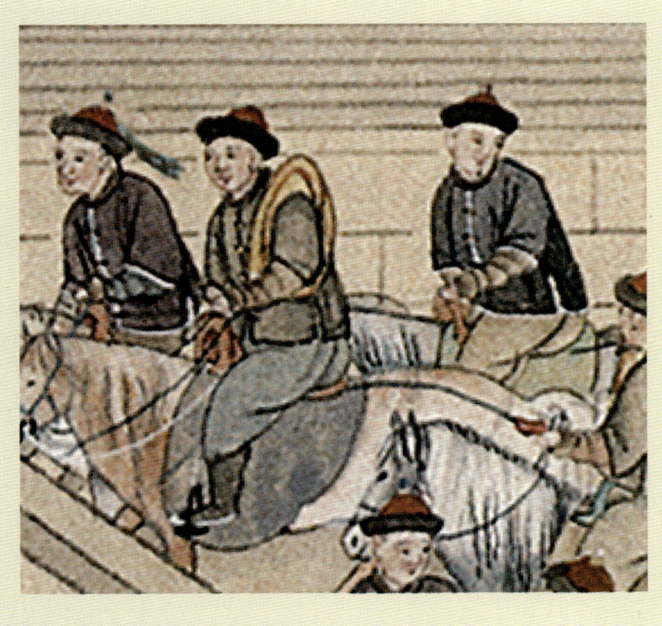

花翎为孔雀尾羽，安插在礼帽顶珠下的翎管内。花翎圈眼有单眼、双眼、三眼之分（“眼”指的是孔雀翎上圆形的彩晕，一个圆圈就算作一眼）。王公贵族按品级佩戴，大臣因军功而赏戴。三眼花翎最为贵重，不轻易授予大臣，乾隆至清末只赏赐给傅恒、福康安、和珅、长龄、禧恩、李鸿章、徐桐七人。拔去花翎是极为严厉的惩处。

清代皇帝出行，有许多内大臣和御前侍卫随从，这些人全要穿“行褂”，帽后戴孔雀花翎。“行褂”用明黄色的绸缎或纱（冬天穿绸缎，夏天穿纱）制成，没有花纹和彩袖，长不过腰，袖仅到肘，短衣短袖便于骑马、射箭。这种“行褂”被称作黄马褂，清代典制里有时也称黄褶。

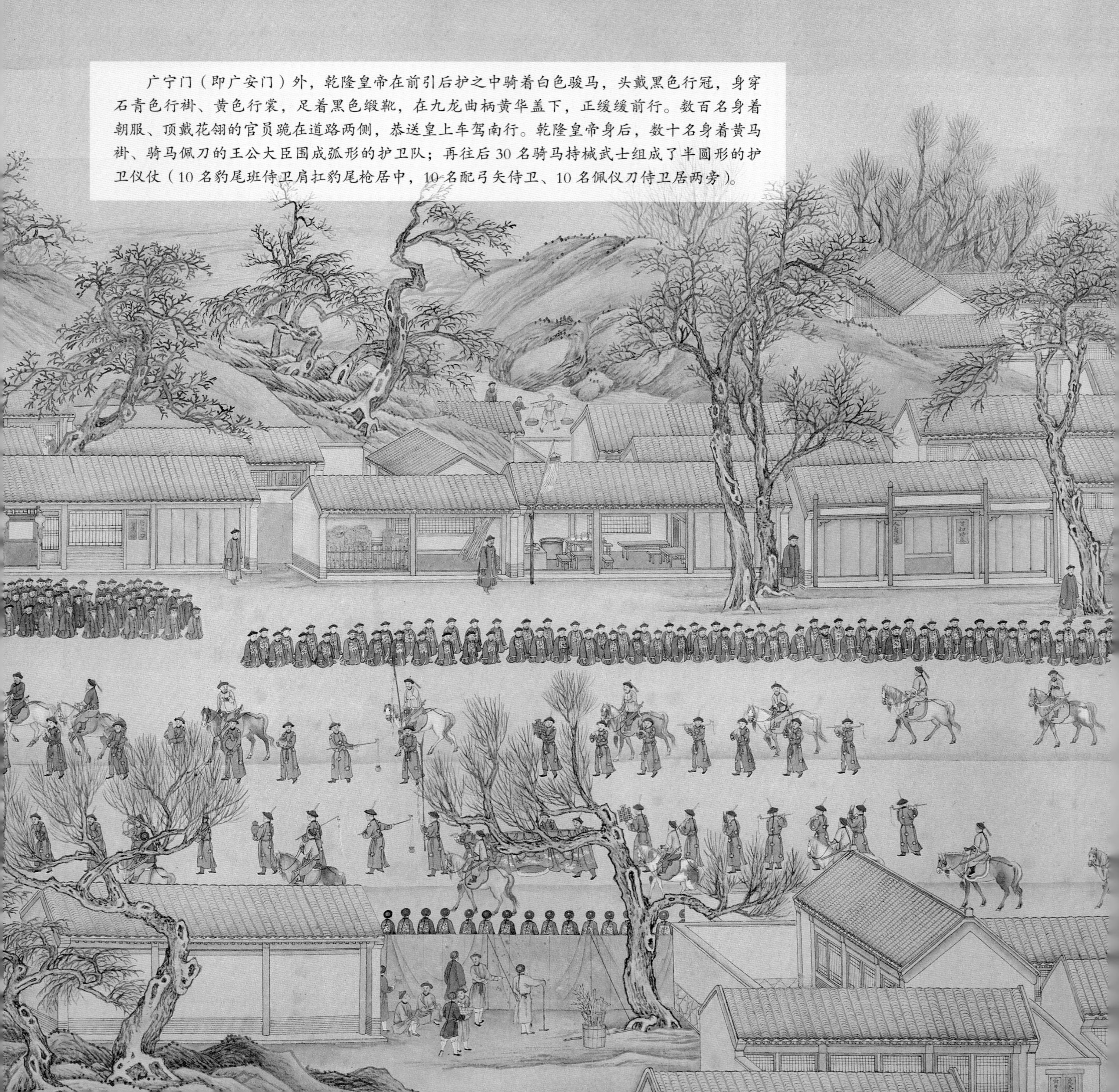

广宁门（即广安门）外，乾隆皇帝在前引后护之中骑着白色骏马，头戴黑色行冠，身穿石青色行褂、黄色行裳，足着黑色缎靴，在九龙曲柄黄华盖下，正缓缓前行。数百名身着朝服、顶戴花翎的官员跪在道路两侧，恭送皇上车驾南行。乾隆皇帝身后，数十名身着黄马褂、骑马佩刀的王公大臣围成弧形的护卫队；再往后 30 名骑马持械武士组成了半圆形的护卫仪仗（10 名豹尾班侍卫肩扛豹尾枪居中，10 名配弓矢侍卫、10 名佩仪刀侍卫居两旁）。

，以示“太平有象”；道象（也称朝象）四只，两东

五辂（lù，大车）是皇帝仪仗中的五种车子，分别是象辂、金辂、玉辂（左上图）和木辂、革辂（左下图）。

金辇（niǎn），金顶金方盖，黄缎做檐，有舁者（舁，yú，抬。舁者，即轿夫）旗尉二三十人在旁侍立。

玉辇，金顶蓝方盖，蓝缎做檐，有舁者旗尉三四十人在旁侍立。

长戟、长殳（shū，古代木制兵器，无刃）

黑、白、黄、红、青五色销金龙旗

皇帝出行仪仗中豹尾枪、撒袋弓矢、仪刀的形象

声势浩大的南巡仪仗一直排列到40里外的卢沟桥，皇帝出行时演奏《巡幸铙（náo）歌大乐》的队伍从卢沟桥排至宛平城西门。永定河上的卢沟桥始建于金大定二十九年（1189），清康熙三十六年（1697）毁于洪水，次年重建。石桥全长266.5米，宽7.5米，下有11个涵孔，桥面两侧281根汉白玉栏杆上雕有神态各异的大小石狮共501个。“卢沟晓月”是“燕京八景”之一，桥东头立有乾隆皇帝题写的“卢沟晓月”碑。在过去，卢沟桥是京师进出中原的必经之路，清代从广安门至卢沟桥修了一条石路，是通往南方九省的干道，被称为“九省御路”或西大道。

自古以来，行路难人所共识。因此，每当皇帝或大官出行之前，或是重大的节假日到来之际，当地官府都要号令百姓用“黄土垫道，净水泼街”，将必经的道路和主要街道修饰一番，并改善路面被车辆碾轧得沟壑纵横的状况。

图中所画的是一种已经消失的老北京生活用品——掸子。硬木把的头上捆上布条，来为衣服鞋帽掸去浮土。过去人们外出回家后，第一件事就是拿掸子在房门口掸土。

尊老敬老是中华民族的传统美德。清朝定制：凡高寿者，例有恩赏，不论男女及官民。有时表现突出的60岁以上老农，会得到一顶“老农顶戴”，80岁或百岁老人有的还能得到官员的品级顶戴。康熙、乾隆时期，皇帝还常为百岁老人御赐“福”字，御制诗赋。画中描绘了身着袍褂、头戴顶戴的耆（qí）老在路边恭迎圣驾的场面。

图中可见两顶四人轿夫在抬轿。《清史稿》中记载：汉官三品以上，京堂舆顶用银，盖帏用皂。在京舆夫四人，出京八人。四品以下文职，舆夫二人，舆顶用锡。直省督、抚，舆夫八人。司道以下，教职以上，舆夫四人，杂职乘马。

南巡队伍经过“长辛店汛”。汛是清代绿营军中最低级的军事建制，其职官一般为千总、把总、外委千总和外委把总，常以“营汛”连称。清代营汛安设地的选择目的明确，“设营汛墩堡，以控制险要，令各分兵而守之”。

一年之计在于春！许多人还沉浸在春节的欢乐中，勤劳的乡民就早早出来，整理苗床，播撒肥料，为春耕生产做准备。

乾隆皇帝的印玺很多，有些书画上钤用多至一二十方。钤用方法是有规律的。开卷常用“五福五代堂古稀天子宝”“八征耄（mào）念之宝”“太上皇帝之宝”等，这些是乾隆晚年在书画上常用的印玺。画卷中间用“乾隆御览之宝”是乾隆皇帝即位后镌刻的第一方印玺。结尾处的印玺是“乾隆鉴赏”“三希堂精鉴玺”“宜子孙”，凡加盖这三方印玺，都是乾隆皇帝特别珍爱的书画精品。画卷最后所盖“养心殿尊藏宝”属于“殿名玺”，表明作品当时收藏在养心殿。

卤簿是古代帝王外出时在其前后的仪仗队，目的是为了“隆典祀，重朝章，明等威，彰物采，非特为观视之美而已”，用于体现皇帝的地位、威仪及防卫的需要。清代卤簿分为法驾卤簿、銮驾卤簿和骑驾卤簿，根据皇帝出巡目的而选择不同的卤簿，三者合则称之大驾卤簿，其仪仗器物最多，人员配备最多，也最为隆重。

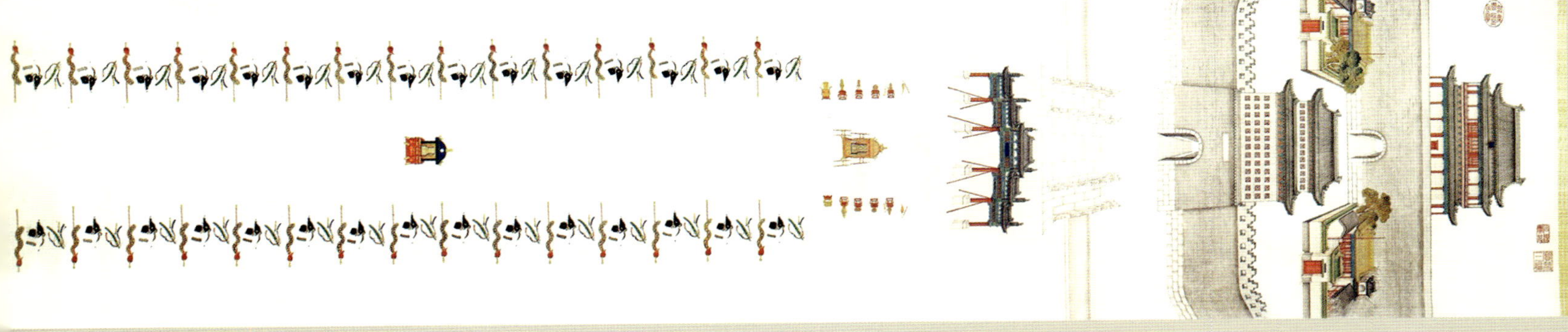

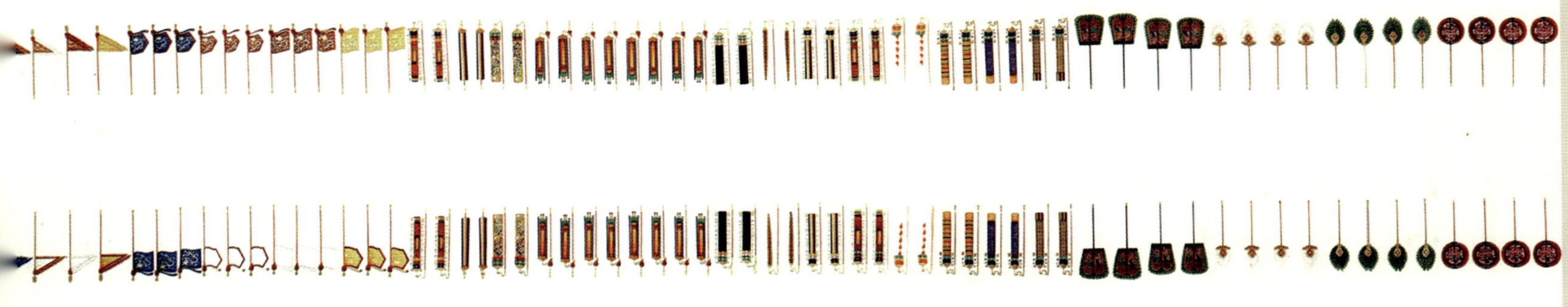

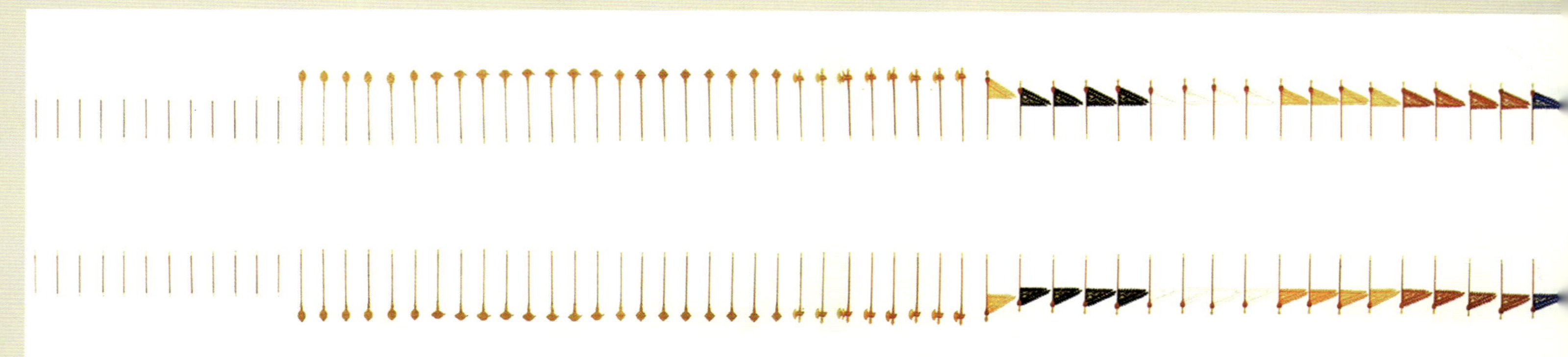

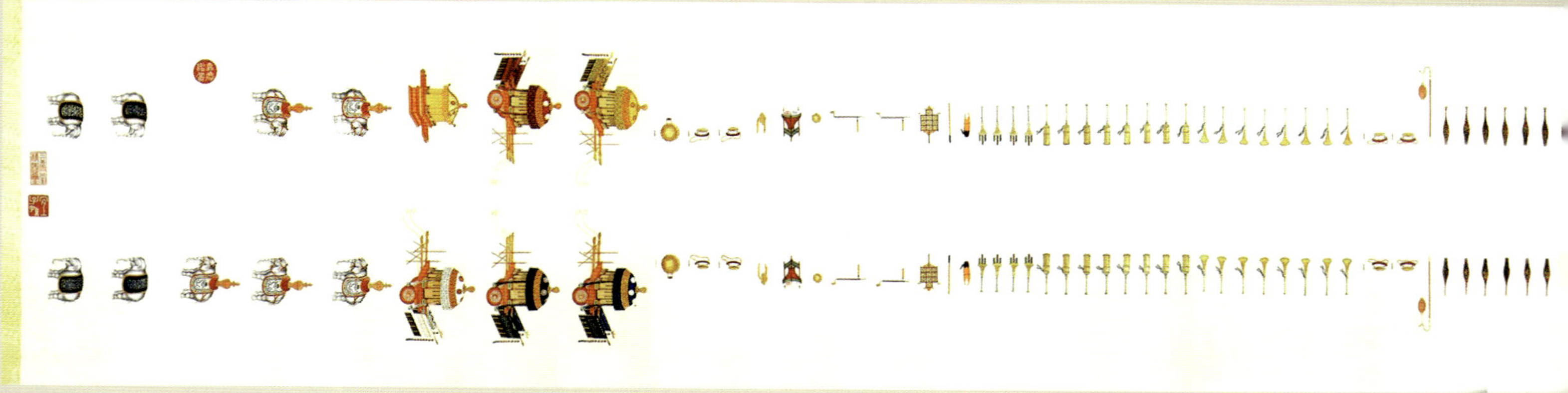

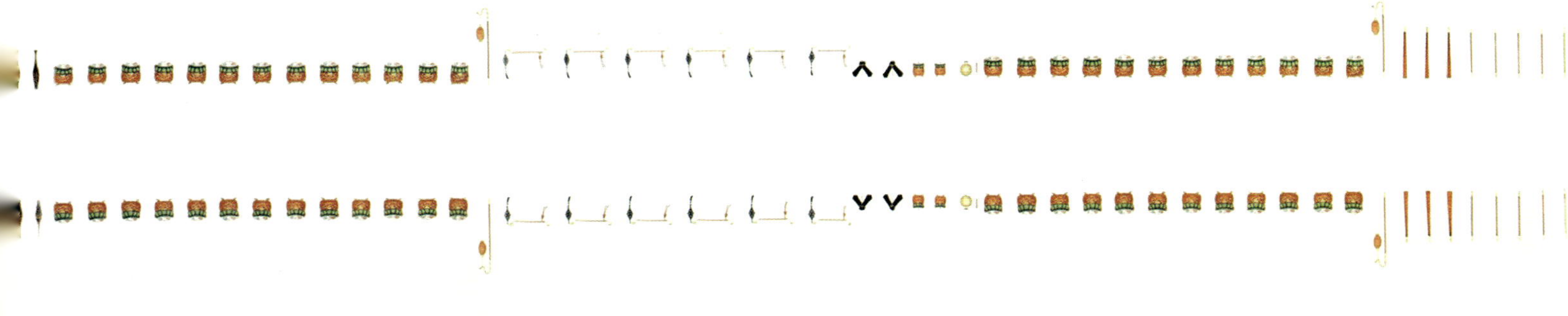

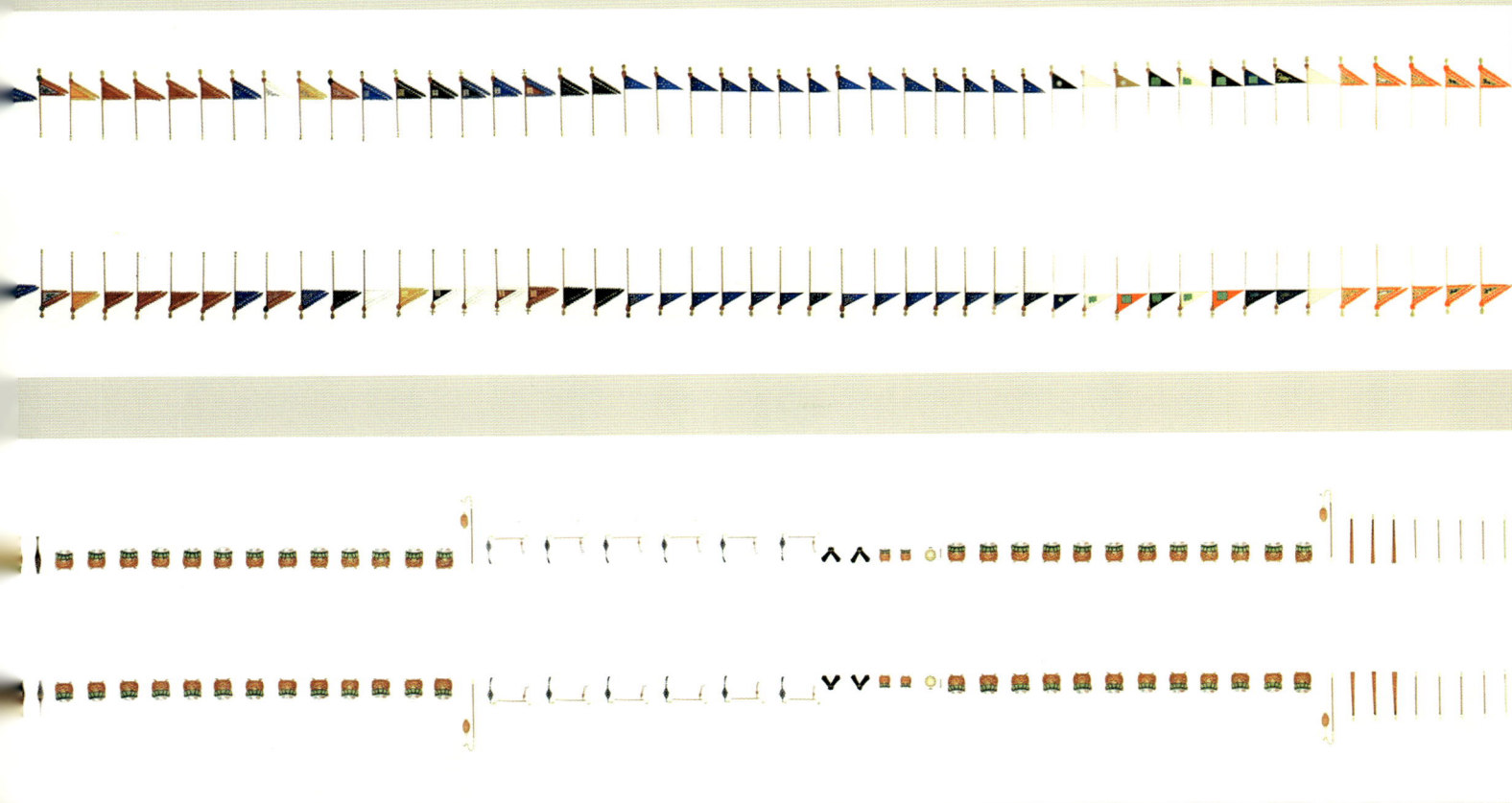

中轴明珠

在明清北京城的布局中，贯穿城市南北的中轴线无疑是最精彩的部分，都城中意义最为重大的建筑都是沿着这条轴线兴建。明清北京城的中轴线南起永定门，北至钟楼，全长约7.8公里。

永定门

明清北京城中轴线及中轴线上的主要建筑

永定门——永定门是外城的正南门，在外城七门中规格最高，也是明清北京城中轴线的南端起点。
正阳门——正阳门是内城正南门，在内城九门中规格最高，名字取“圣主当阳，日至中天，万国瞻仰”之意。
天安门——天安门是皇城正门，明代称承天门，清代称天安门，面阔九间、进深五间，寓意“九五至尊”。
午　门——午门是紫禁城的正门，平面呈“凹”字形。午门前常举行盛大庆典活动，并在此宣旨。
太和殿——太和殿俗称“金銮殿”。建在三层汉白玉台基上，是紫禁城内体量最大、等级最高的建筑。皇帝登基、大婚、命将出征、金殿传胪等重大典礼都在此举行。

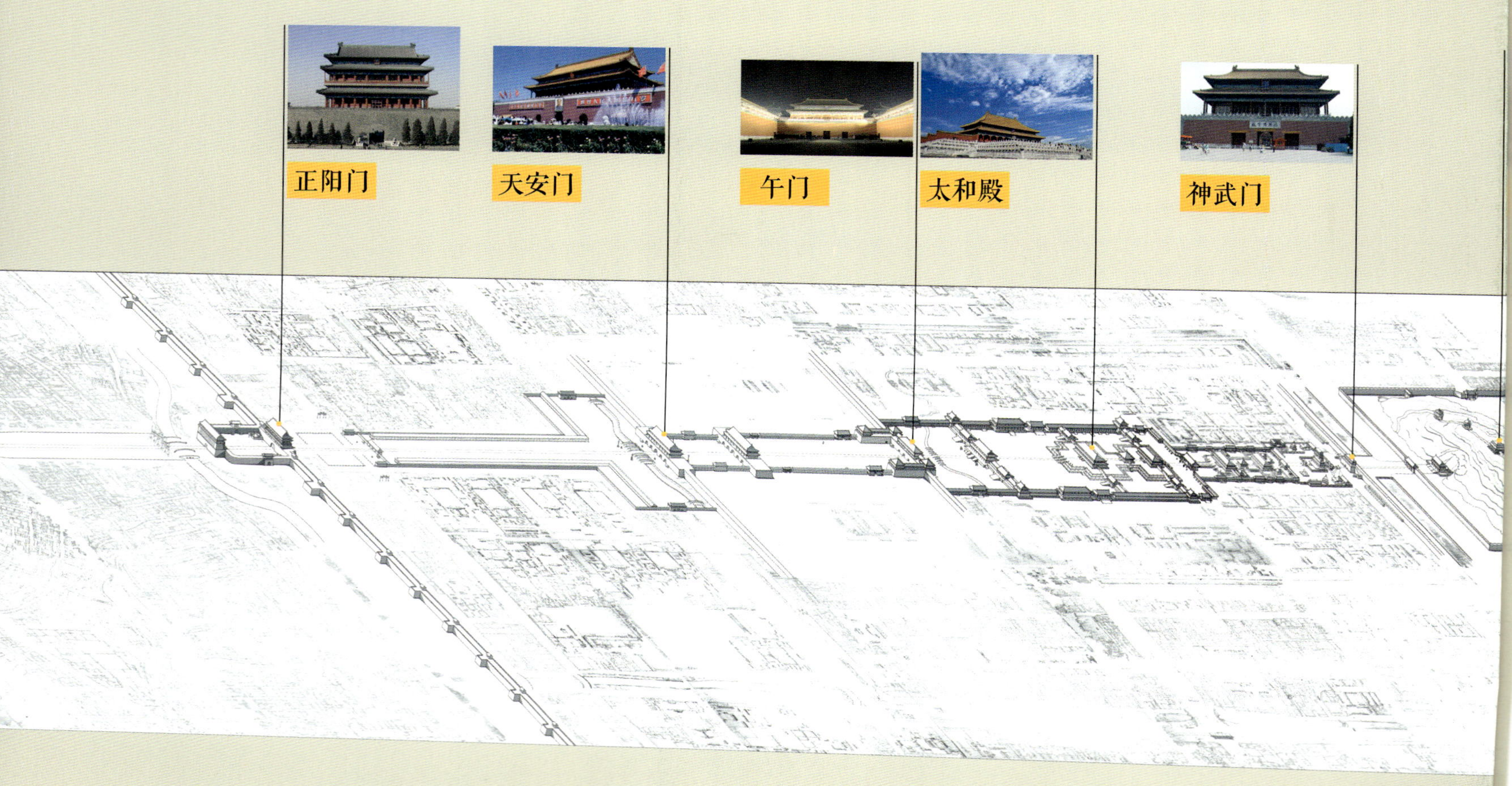

正阳门城楼

正阳门城楼（侧面）

正阳门箭楼

崇文门城楼

崇文门城楼（侧面）

崇文门箭楼

阜成门城楼

阜成门城楼（侧面）

阜成门箭楼

东直门城楼

东直门城楼（侧面）

东直门箭楼

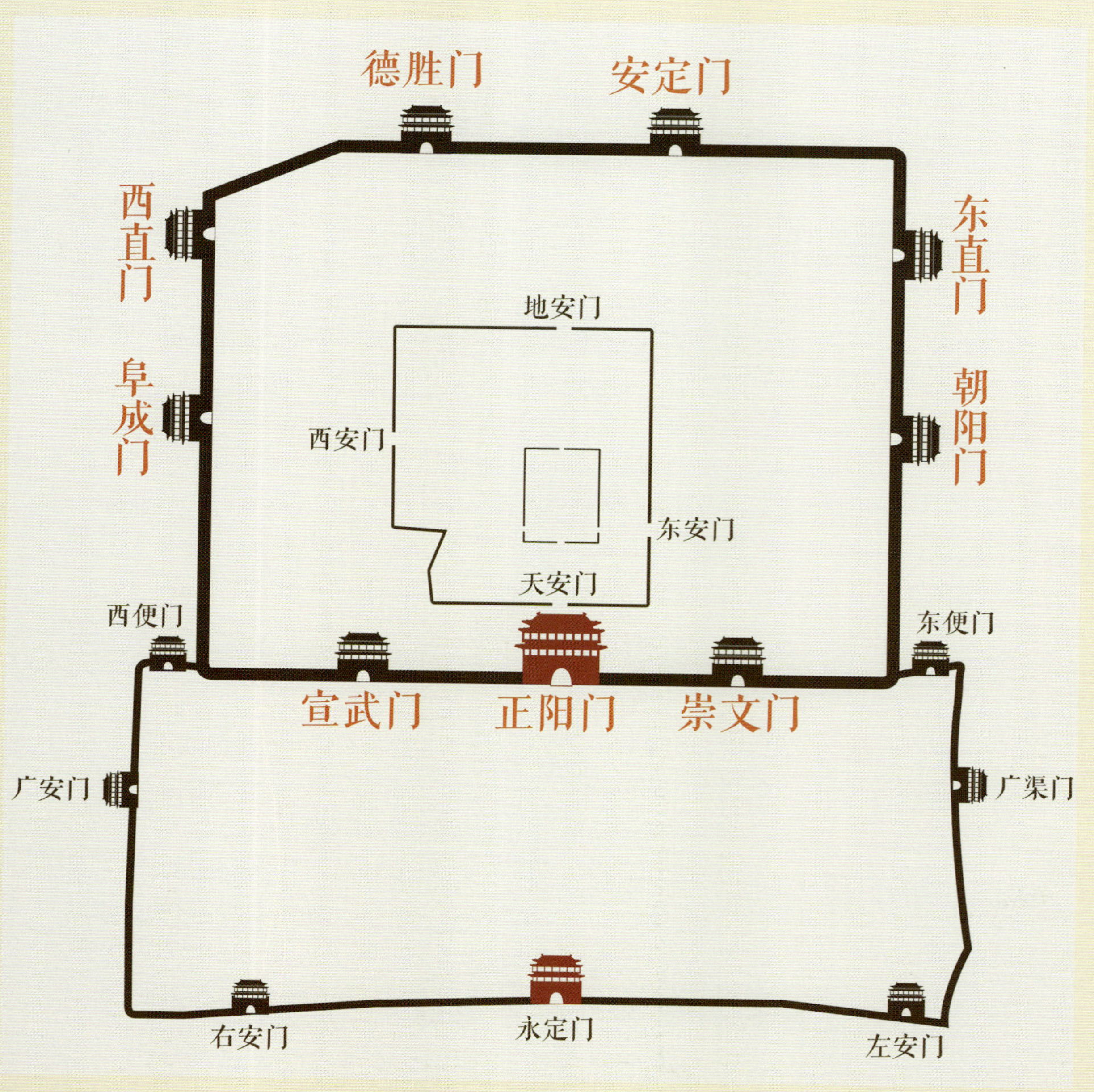
德胜门
安定门
西直门
东直门
阜成门
朝阳门
地安门
西安门
东安门
天安门
西便门
东便门
宣武门
正阳门
崇文门
广安门
广渠门
右安门
永定门
左安门

九门走九车

明清时期北京内城各门因位置关系，各有“交通分职”。民间有俗语称“九门走九车”。九门中唯独正阳门箭楼下开设了城门，但此门只在皇帝出入时才开启，因而有“正阳门走龙车”之说。另外，封建帝制时代正阳门不允许丧葬灵车通过。

正阳门走龙车

崇文门——崇文门自明弘治六年（1493）起就设立税关，因而被称为“税门”。过去北京东南郊外酿酒作坊众多，酒车从崇文门缴税进城。

宣武门——清代菜市口刑场在宣武门外，犯人经刑部核定死刑后，囚车出宣武门行刑，故此门又称“死门”。

朝阳门走粮车

朝阳门——明清两代南方粮食经京杭大运河抵达北京，在通州装车后从朝阳门进城。故此门俗称“粮门”。

阜成门——京西门头沟产煤，阜城门是京西运煤进城的主要通道，故有“煤门”之称。

东直门——明清时期东直门外多砖窑。城内所需砖瓦和木材，主要由此门运入。故东直门俗称“木门”。

西直门——北京城内水质不佳，皇宫用水皆取自玉泉山。每天清晨水车从西直门入城，故西直门俗称“水门”。

德胜门走兵车

德胜门——德胜门是京师通往塞北的重要门户，素有“军门”之称。战争讲究“以德胜人”，“德胜”本意是道德胜利，又谐音“得胜”，所以将士出征必走此门。

安定门走粪车

安定门——明清时出征军队凯旋，例走此门，寓意战事已毕，天下安定。此外，地坛附近是北京的主要粪场，粪车多从安定门出入。

沧桑六百年
SIX CENTURIES OF VICISSITUDES
"（北京城墙）它是一部土石写就的史书！"
——《北京的城墙和城门》
奥斯伍尔德·喜仁龙，瑞典美术史家、汉学家
"They form a chronicle in clay and stone repeatedly changed and added to, reflecting directly and indirectly, the various vicissitudes of Peking since the time when it received its present form and up to the end of the Ch'ing dynasty."
—The Walls and Gates of Peking, by Osvald Sirén (1879-1966), Swedish art historian and sinologist
1419
1439
1548
1644
明永乐十七年 初建
明正统四年 修整九门
明嘉靖三十二年 增筑外城

第三单元　沧桑六百年

“（北京城墙）它是一部土石写就的史书！”

——《北京的城墙和城门》

奥斯伍尔德·喜仁龙，瑞典美术史家、汉学家

1419年

明永乐十七年　初建

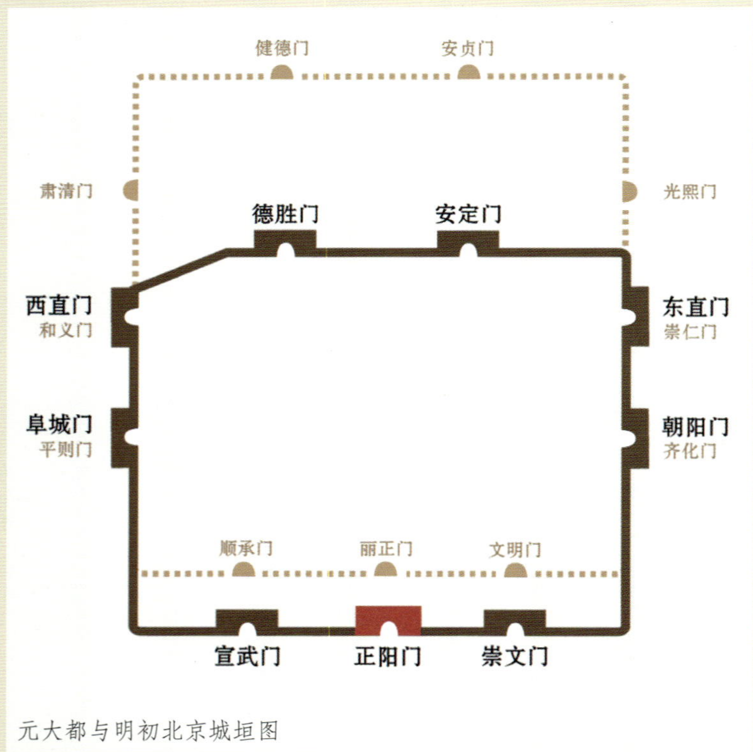

元大都与明初北京城垣图

正阳门建成至今已近600年，其前身是元大都的正南门——丽正门。明洪武元年（1368），徐达攻克元大都，改名北平，将其北垣南缩五里新筑。永乐元年（1403）改北平为北京，并定都。永乐十七年（1419），元大都南垣南拓二里，丽正门移至今天的位置，名称不变，数年后改名为正阳门。

1439年

明正统四年　修整九门

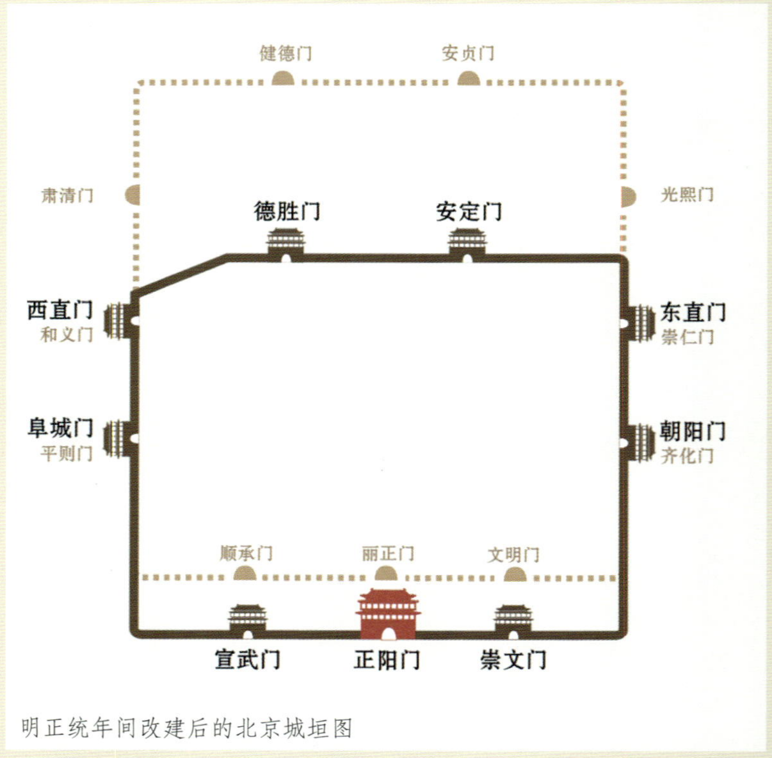

明正统年间改建后的北京城垣图

正统元年（1436），太监阮安等受命对北京城垣进行大规模修整：修葺了九门城楼；增建箭楼、瓮城、闸楼；各门外立牌楼；疏浚挖深护城河，用砖石砌筑护坡；护城河上木桥改建为石桥。正统四年（1439）完工。至此，正阳门成为一处规制完备、宏伟壮丽的建筑群。

1553年

明嘉靖三十二年　增筑外城

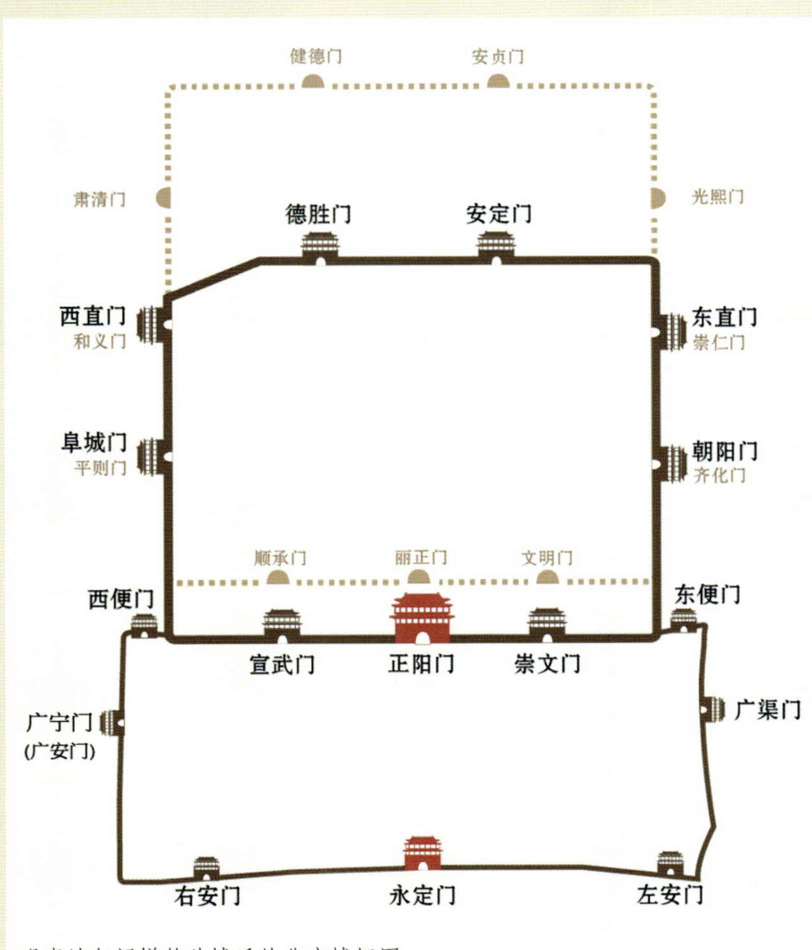

明嘉靖年间增筑外城后的北京城垣图

嘉靖年间，为防御蒙古部落入侵，拟在内城之外增筑一圈城墙，但因财力不足，仅修筑了南面，形成了北京城“凸”字形轮廓。外城开城门七座。南面正中永定门成为北京中轴线新的起点。嘉靖四十一年（1562），外城七门加筑瓮城，但到清乾隆时期才建箭楼。

1644年

明崇祯十七年　兵火焚毁

崇祯皇帝为李建泰出征饯行

崇祯十七年（1644），李自成起义军兵临北京，分守正阳门的太监弃城投降，起义军涌入城内，明亡。数十日后清军入关，李自成战败，率军撤出北京时放火焚烧宫殿及内城九门，正阳门被毁。清初重修北京城垣，正阳门得以重建。

「吾待士亦不薄，今日至此，羣臣何無一人相從，如先朝靖難時有程濟其人者乎。」已而太息曰：「想此輩不知，故不能遽至耳。」遂自經于亭之海棠樹下。太監王承恩對面縊死。遺聞云：「司禮太監王之心跪帝膝前，引帶扼脰同死。」然承恩似確。時宮中沸哭如雷，狂奔無復門限。比曉，太子雜宮人走叩周奎府門。奎臥未起，門役不肯傳報，乃走匿內官外舍。初，上之出至南宮也，使人詣懿安皇后所，勸后自裁，倉卒不得達。兩宮已自盡，宮人號泣出走，宮中大亂，懿安皇后青衣蒙頭，徒步走入朱純臣第。尚衣監何新入宮，見長公主斷肩仆地，與宮人救之而甦。公主曰：「父皇賜我死，我何敢偷生？」何新曰：「賊已將入，恐公主遭其辱，且至國丈府中避之。」乃負之出。

是年，共見白光起東北，閃爍久之，蓋帝之靈氣上達于天也。

553 李自成入北京內城

丁未子刻，上既入後苑，內門大開，宮人、小內相紛紛奔出東華門。廠衛猶禁訛言，執送金吾所。昧爽，陰雲四合，城外煙焰障天，微雨不絕，霧迷。俄微雪，城陷。或謂先有人伏內，通太監曹化淳弟曹二公內應開門。一云：太監王相堯率內兵千人，開宣武門出迎賊。賊將劉宗敏整軍入，軍容甚肅。錦衣吳孟明遇之于宣武大街，猶謂援兵，問之，乃知是賊。太監曹化淳同兵部尚書張縉彥，開彰義門迎賊。一云：張縉彥坐正陽門，朱純臣守齊化門，一時俱開，二臣迎門拜降。聞城中火起，順成、齊化、東直三門，一時俱開，賊先入東直門。一云：辰刻，得勝、平則、順成、齊化、正陽五門，一時俱開。闖賊所

明季北略卷之二十　四五五

《明季北略》中关于守城官员与太监弃城投降、义军涌入正阳门的记载

李自成殺吳襄家族三十四人。

吳三桂兵向京城。李自成命劉宗敏李過李岩等合兵連十八營以拒之。令降將唐通爲前鋒。

乙酉。禮政府上儀注。定于明日即位。

劉宗敏敗奔入城。吳三桂擊賊參將馮有成。矛刺唐通下馬。宗敏等連營俱逸。宗敏中流矢墜地。以救免。

德州殺僞防禦使閻傑德州牧吳徵文。初香河知縣朱帥欽。慶府之宗室也。棄官走吳橋。傑囚于德州。傑徵文俱嚴酷。貢官馬元騄諸生謝陛倡義。乘是日瘟司降辰。城外演劇。傾城出觀。因閉城殺之。郡縣響應。凡四十餘城。俱殺逐僞官。出帥欽。推爲濟王。傳檄遠近。

丙戌。李自成僭稱皇帝于武英殿。尊七代祖妣俱帝后。天祐閣大學士牛金星代郊天。六政書各一。敕書稱大順永昌元年。僞磁侯劉宗敏扶創出。平立不拜。曰。爾故我等夷也。僞官皆拜。宗敏不得已再拜而退。

福王至燕子磯。文武諸臣出迎。中軍都督府僉書少保安遠侯柳祚昌。左軍都督府東寧伯焦夢熊。僉書都督同知張天祿。右軍都督府少傅誠意伯提督操江劉孔昭。僉書都督同知劉鑾基。前軍成安伯郭祚永。僉書都督同知徐大受。後軍都督府太子太傅南和伯方一元。僉書都督僉事馮可宗。戶部尚書高弘圖。工部尚書程註等。

丁亥。昧爽。李自成出齊化門西走。劉宗敏李友等夾之。以萬騎爲殿。先運薪木積于內殿。縱火發礮。轟毀諸宮殿。通夕火光燭天。須臾。九門雉樓皆火發。城外草場並燃。與宮中火光相映。太廟武英殿門僅存。誘都人出避。不數里即殺掠。各賊宿舍皆縱火。毅將軍左光先封都督谷大成太倉庫尚餘二十萬。舊僞官則賊兵護走。新降則否。于是懼匿不敢出。又恐東宮太子至見討。僞禮政府右侍郎招遠楊觀光出走。爲盜殺于風臺。國子司業薛所蘊。以宋獻策密令。得出宣武門。戶政府司務魏學濂以失望自經。大中子。學濂自負忠孝門第。議論抗

國榷卷一百一　思宗崇禎十七年　六〇七九

《国榷》中关于火毁正阳门的记载

1780年

清乾隆四十五年　失火后重修

乾隆四十五年（1780），正阳门外商铺失火，殃及箭楼。重修工程由户部尚书和珅及大学士英廉负责。竣工不久，新修的箭楼即出现闪裂、塌陷等质量问题。英廉等人均被降职，并自行出资再次重修。而工程总管和珅却被皇帝以“彼时随从热河，并未在工督办”为由，免于罪责。

和珅像

乾隆皇帝像

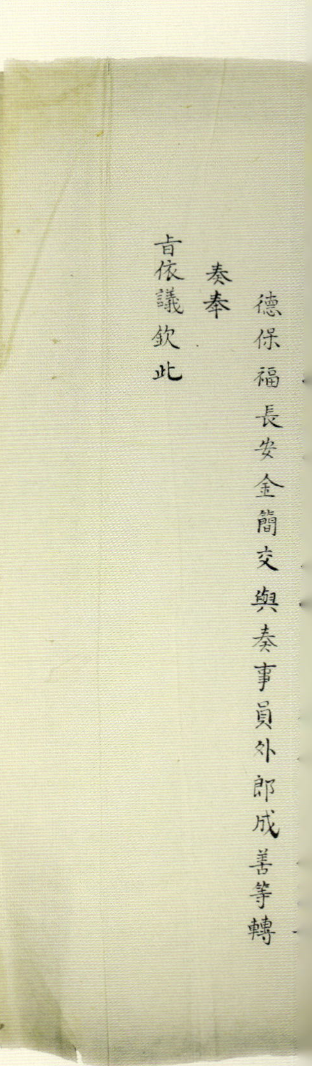
德保福長安金簡文與奏事員外郎成善等轉
奏奉
旨依議欽此

422

○三月初二日總管內務府謹
奏為治罪具奏事緣新修
正陽門城樓閃裂經總理工程事務大學士英廉
尚書和珅自行奏請嚴加治罪賠補并請將該
監督郎中德齡等三人嚴加治罪等因於乾隆
四十五年十二月二十七日具
奏奉
旨英廉和珅奏正陽門新建箭樓改用磚石發券因
觔兩沉重致有閃裂各請賠項重修等語箭樓改
用石工本係朕意但仍用原舊基址並未新築以

423

致石觔較重有閃裂之處英廉及監督等自不能
辭其責所有此次重修之項准其開銷一半其餘
一半著英廉賠十分之七監督等賠十分之三至
和珅彼時隨從熱河並未在工督辦且此事乃自
和珅奏出者所請議處之處著加恩寬免餘依議
欽此欽遵除尚書和珅遵
旨免議外　查郎中德齡等係承辦該工監督理
應先事預籌如法建以期鞏固況
正陽門箭樓猶非尋常工程可比乃並未盡心籌
畫仍因舊址興修以致未及數月即有閃裂實

424

屬罪無可逭請將郎中德齡員外郎喜順長興
均予革職留任以為玩愒工程者戒至大學士
英廉係總理該工事務之大員乃並未實力查
勘悉心籌辦致有閃裂殊屬不合請將大學士
英廉降三級留任為此謹

关于英廉、和珅等人处理办法的奏折

1849年

清道光二十九年　捐资重修

道光二十九年（1849），正阳门外失火延烧至箭楼。虽然修建“工程最关紧要”，但国库却无力支付所需银两，最后工程款项是“仿照外省城工捐资办理之案”，由“亲郡王起，以及中外满汉文武大员至四品以上各员，量力捐资”筹措而来。该工程至咸丰元年（1851）才竣工。

道光皇帝像

何況在京王大臣及中外滿漢文武大員，世受國恩

定當仰體聖懷，樂輸捐辦也。如蒙允准，即請飭下

該部，傳示中外一體遵行。奴才愚昧之見，是否有

當，伏乞皇上聖鑒訓示。謹奏。

道光二十九年十二月初二日

掌浙江道監察禦史奴才宗室文光跪奏，為城工緊要亟宜捐修以肅觀瞻而資防範，恭摺具奏，仰祈聖鑒事。

竊本年十一月，正陽門外不戒於火，以致延燒正門城樓，業經步軍統領奏聞在案。惟此項工程最關緊要，動用工料錢糧甚巨，必須急於籌款修葺，以資捍衛。查外省各府州縣城工，每遇坍塌損壞應行修理，除由地方文武各官捐廉辦理外，並令紳士等捐資及時修竣。其捐廉捐資之官紳等經該督撫奏明，由部覆准所捐銀數多寡，奏請恩施優敘，歷經辦理在案。查上年因庫藏未裕，經王大臣會同戶部，力求樽節，而經費尚未見有充裕之四省，複又水患頻仍，屢蒙逾格鴻慈，發帑百萬以濟億萬生靈不至流離失所，仰見皇上愛養元元之至意。惟此項城工有關防範，當此經費有常，而必須急於修葺以肅觀瞻，可否仿照外省城工捐資辦理之案，自親郡王起以及中外滿漢文武大員至四品以上各員，量力捐資，及時勘辦，庶舊制複昭而經費亦毋庸支領矣。且外省

掌浙江道监察御史文光奏为正阳门城楼工程紧要亟宜捐修事奏折的内容

1900年

清光绪二十六年　战火毁坏

1900年6月16日，义和团为扶清灭洋，抵制洋货，火烧正阳门外老德记洋药房，延及周边大片商铺，正阳门箭楼及东、西荷包巷被焚。同年8月14日，英、美、德、意、日、法、俄、奥组成的侵华联军进攻北京，炮轰正阳门箭楼和城楼。8月15日清晨，慈禧太后挟光绪皇帝仓皇出逃，奔往西安。9月27日，驻扎瓮城的英国雇佣军（印度兵）在正阳门城楼燃火取暖，发生火灾，将城楼全部焚毁。这是正阳门历史上损毁最为严重的一次。

义和团火烧大栅栏殃及正阳门箭楼（1900）

正阳门箭楼被八国联军炮火毁坏（1900）

正阳门箭楼侧面被毁状况（1900）

义和团火烧大栅栏殃及正阳门箭楼的过程（组图，1900）

火毁后的正阳门城楼（立体照片，美国怀特立体照片公司 1901—1902 年制作）

清末民国时期流行的立体照片

立体照片为特殊的双镜头拍摄，使用特殊的观片器观看。它的原理是利用人双眼的视差，来产生立体效果。立体照片自 19 世纪 50 年代产生后，一直流行到 20 世纪 30 年代，期间有两次盛行，地点分别在欧洲和美国，时间则分别对应于中国的第二次鸦片战争和义和团运动时期。西方摄影师在此期间到中国拍摄的立体照片有近千张，图像质量非常精美，记载了当时中国的许多重大事件、重要人物和社会场景，有很高的史料价值。

义和团运动失败、八国联军攻入北京后，1901 年 9 月 7 日，清政府与英国、美国、日本、俄国、法国、德国、意大利、奥匈、比利时、西班牙和荷兰 11 国签订《辛丑条约》，这是中国近代史上赔款数目最庞大、主权丧失最严重的不平等条约。条约中划定北京东交民巷为使馆界，允许各国驻兵保护，不准中国人在界内居住。

北京使馆区平面图（1903 年，美国国会图书馆藏）

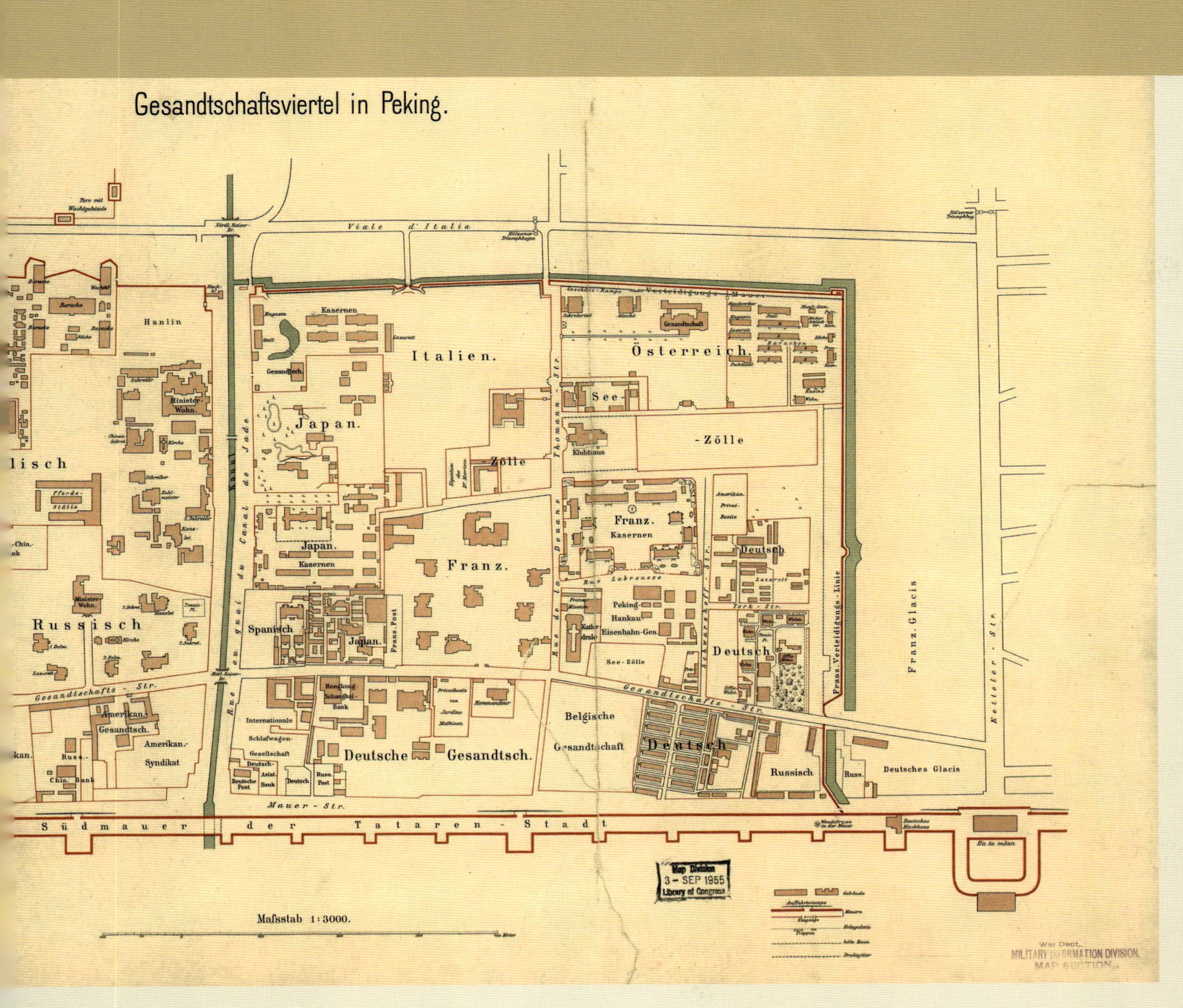
Gesandtschaftsviertel in Peking.
Viale d'Italia
Italien.
Japan.
Japan.
Kasernen
Franz.
Österreich.
See-
Zölle
-Zölle
Franz.
Kasernen
Deutsch
Deutsch
Russisch
Spanisch
Amerikan.
Gesandtsch.
Deutsche Gesandtsch.
Belgische
Gesandtschaft
Deutsch
Russisch
Deutsches Glacis
Franz. Glacis
Hanlin
Südmauer der Tataren-Stadt
Mafsstab 1:3000.
Map Division
3-SEP 1955
Library of Congress
War Dept.
MILITARY INFORMATION DIVISION.
MAP SECTION.

从正阳门城楼往东拍摄的使馆区和城墙顶部景象

1901 年 9 月 7 日签订的《辛丑条约》中规定，正阳门至崇文门以北被划为使馆区，正阳门城楼及东侧城垣为美军兵营及使馆边界，美军在城楼及城垣设岗。中华民国成立后，仅在每年国庆（10 月 10 日），才允许中国军队在正阳门城楼值守一天。一首竹枝词“都城严肃最应当，那许登临豁眼光。今日正阳门左右，外人随意立高墙”，道出了这段屈辱历史。经过多次交涉后，1919 年 10 月 31 日达成协议，11 月 1 日美方向中方交还了正阳门城楼，由步军统领衙门接收。

美军在正阳门城楼旁合影（1910—1920）

美国海军陆战队士兵在正阳门城楼附近的城墙上执勤

1902年

清光绪二十八年　正阳门上的彩牌楼

庚子事变后，被毁的正阳门一片狼藉。《辛丑条约》签订后，1901 年 10 月 6 日慈禧太后和光绪皇帝自西安返京。为迎接两宫回銮，直隶总督府用银万两，请工匠用杉篙、苇席，再绕以彩绸，在正阳门城楼、箭楼上搭起彩牌楼，以充门面、壮观瞻。1902 年 1 月 7 日，两宫乘火车抵京郊马家堡车站，再乘舆经永定门入正阳门还宫。

两宫回銮前正阳门箭楼上正在搭建的彩牌楼（图片来自《穆默的摄影日记 /Ein Tagebuch in Bildern》）

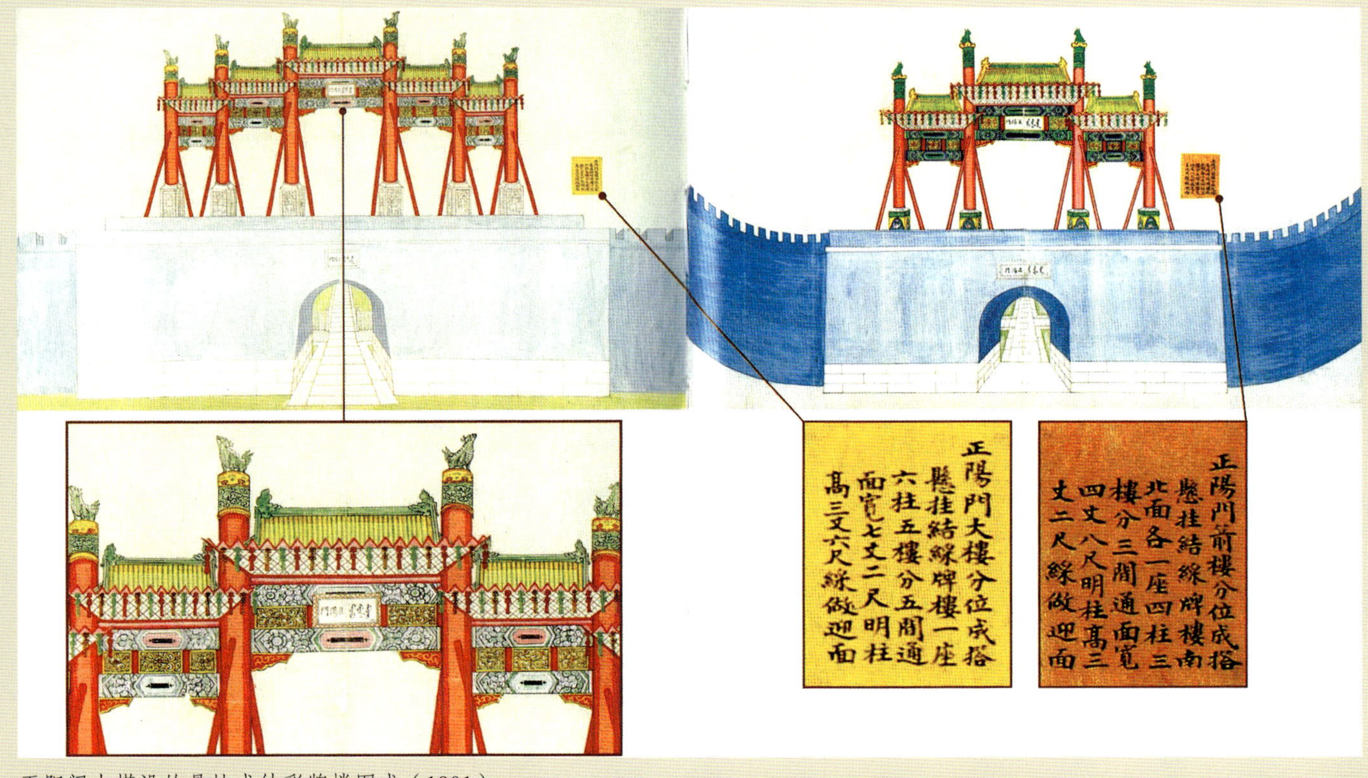

正阳门上搭设的悬挂式结彩牌楼图式（1901）

光绪皇帝回銮时经过正阳门（1902）

慈禧回銮时途经正阳门观音庙进香（1902）

1902 年 1 月 7 日，两宫回銮队伍进入大清门（图片来自《穆默的摄影日记 /Ein Tagebuch in Bildern》）

1903年

清光绪二十九年　最后的重建

光绪二十九年（1903），袁世凯、陈璧奉旨重修正阳门城楼和箭楼。当时工部收存各城门的工程档案均在战乱中被毁，复建正阳门城楼只得按崇文门城楼、宣武门城楼的规制放大修建，复建正阳门箭楼按宣武门箭楼的规制放大修建（因崇文门箭楼亦被八国联军焚毁）。重建工程于光绪二十九年五月开工，计划三年完工，由于原料采办困难等原因，直到光绪三十三年（1907）九月才竣工。工程原计划用银四十四万三千两，实际耗资共计四十九万八千九百二十二两。

直隸總督臣袁世凱
順天府府尹臣陳璧 跪
奏為正陽門城樓原建丈尺無案可稽謹會同酌擬辦法請
旨定奪飭遵以昭慎重恭摺仰祈
聖鑒事竊臣等欽奉光緒二十八年十一月二十六日
上諭正陽門工程著派袁世凱陳璧核實查估修理欽此當即欽遵會商辦
理伏思正陽門宅中定位氣象巍峨所以仰拱
宸居隆
上都而示萬國現在奉
旨修復其工費固宜核實撙節而規模制度究未可稍涉庳隘致損觀瞻臣
等一面遴委新授天津道王仁寶敬謹馳往詳細勘估一面咨部調查
舊卷稽考原建丈尺以便有所遵循旋准工部覆稱該部自經庚子之
變從前案卷全行遺失無存臣等迭次往復函商博採輿論原建丈尺
既已無憑稽考惟有細核基址按地盤之廣狹酌樓度之高低並比照
正陽門工程　奏摺　一　工藝官局印書科
崇文宣武兩門樓度酌量規畫折衷辦理查崇文門大樓面寬十丈一
尺五寸高八丈二尺八寸闉樓現尚未經修復宣武門大樓面寬十丈
二尺二寸高八丈二尺二寸闉樓面寬十丈九尺五寸高六丈八尺四
寸二分以上樓度尺寸皆係自地平至正獸上皮止計算城身均不在
內復查正陽門大樓舊址面寬十三丈零六寸較崇文宣武兩門大樓
面寬均增二丈有奇其闉樓舊址面寬十一丈八尺五寸較正陽門大
樓面寬已窄一丈二尺一寸較宣武門闉樓面寬仍增九尺自應準寬
為高格外崇隆以固體制今擬除城身不計外正陽門大樓自地平至
正獸上皮止擬九丈九尺較崇文門大樓高一丈六尺二寸較宣武
門大樓高一丈六尺八寸正陽門闉樓自地平至正獸上皮止謹擬七
丈六尺三寸較正陽門大樓低二丈二尺七寸較宣武門闉樓高七尺
八寸後仰而前俯中高而東西兩旁皆下似與修造作法相合而體格
亦尚屬勻稱惟是此事關繫重大又無舊案可稽臣等參五比較酌擬

袁世凯、陈璧奏为正阳等门城垣楼座勘估情由事奏折（光绪二十九年八月初八日）

修建中的正阳门城楼

即将竣工的正阳门城楼

重建后的正阳门城楼（1907）

重建后的正阳门箭楼（1907）

1915年

中华民国　改建正阳门

清末，京奉、京汉两铁路正阳门站建成后，正阳门周边人流、车流非常密集。1914 年，为缓解交通拥堵，内务总长兼北京市政督办朱启钤向大总统袁世凯提交《修改京师前三门城垣工程呈》，并随后主持改建工程。正阳门瓮城被拆除；在城楼两侧城墙各开门洞两座；修建了马路；箭楼增加了"之"字形登城马道，并用欧式风格装饰。1915 年 6 月 16 日兴工，同年 12 月 29 日竣工。

1915 年改建后的正阳门全景

1915 年 6 月 16 日朱启钤主持正阳门改建工程，在箭楼上手持银镐刨掉第一块城砖

1915 年 6 月 26 日箭楼西面工程情形

京奉土車入城起運西棋盤街磚土情形

1915 年铺设临时轨道运送棋盘街的砖土

1915年6月26日箭楼西面工程情形

1915 年拆除瓮城时运送砖土的情形

1915 年箭楼南面修建洋灰骑楼工程情形

京奉土車入城起運西棋盤街磚土情形

1915 年铺设临时轨道运送棋盘街的砖土

1915年正阳门城楼东侧城墙上新开的两个门洞

箭樓東北面石梯及懸空月台工程落成情形

改建后的正阳门箭楼，因改建时采用了德国工程师罗斯凯格尔的设计而富于西洋风情（东北面）

改建后的正阳门箭楼（南面）

箭樓及懸空月台工程落成情形

1915 年箭楼及悬空月台工程落成情形

1915年年底正阳门改造工程竣工后，朱启钤等人在正阳门箭楼上合影

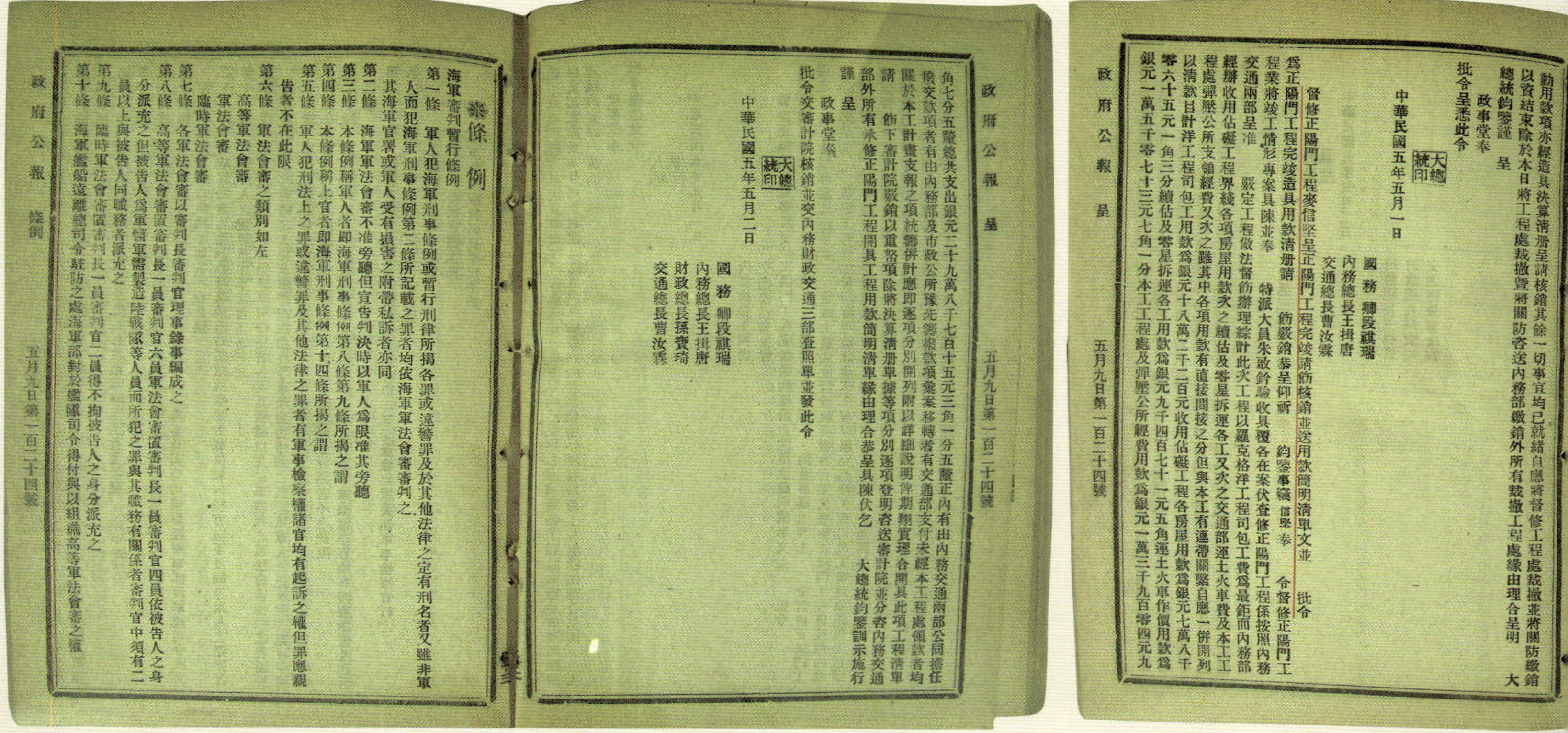

動用款項亦經造具決算清册呈請核銷其餘一切事宜均已就緒自應將督修工程處裁撤並將關防繳銷以資結束除於本日將工程處裁撤暨將關防咨送內務部繳銷外所有裁撤工程處緣由理合呈明 大總統鈞鑒謹 呈

政事堂奉

批令呈悉此令

中華民國五年五月一日 大總統印

國務卿段祺瑞
內務總長王揖唐
交通總長曹汝霖

督修正陽門工程麥信堅呈正陽門工程完竣請飭核銷並送用款簡明清單文並 批令

為正陽門工程完竣造具用款清册請 飭覈銷恭呈仰祈 鈞鑒事竊 信堅奉 令督修正陽門工程業將竣工情形專案具陳並奉 特派大員朱啟鈐驗收具覆各在案伏查修正陽門工程係按照內務交通兩部呈准 覈定工程做法督飭辦理綜計此次工程以羅克格洋工程司包工費為最鉅而內務部經辦收用佔礙工程界綫各項房屋用款次之續估及零星拆運各工又次之交通部運土火車費及本工工程處彈壓公所支銷經費又次之雖其中各項用款有直接間接之分但與本工有連帶關繫自應一併開列以清款目計洋工程司包工用款為銀元十八萬二千二百元收用佔礙工程各房屋用款為銀元七萬八千零六十五元一角三分續估及零星拆運各工用款為銀元九千四百七十一元五角運土火車作價用款為銀元一萬五千零七十三元七角一分本工工程處及彈壓公所經費用款為銀元一萬三千九百零四元九

政府公報 呈　五月九日第一百二十四號

角七分五釐總共支出銀元二十九萬八千七百十五元三角一分五釐正內有由內務交通兩部公同擔任撥交款項者有由內務部及市政公所豫先籌撥款項彙案移轉者有交通部支付未經本工程處領款者均關於本工計畫支報之項統籌併計應即逐項分別開列附以詳細說明俾期覈實理合開具此項工程清單請 飭下審計院覈銷以重帑項除將決算清册單據等項分別逐項登明咨送審計院並分咨內務交通部外所有承修正陽門工程開具工程用款簡明清單緣由理合恭呈具陳伏乞 大總統鈞鑒訓示施行謹 呈

政事堂奉

批令交審計院核銷並交內務財政交通三部查照單並發此令

中華民國五年五月二日 大總統印

國務卿段祺瑞
內務總長王揖唐
財政總長孫寶琦
交通總長曹汝霖

政府公報 呈　五月九日第一百二十四號

條例

海軍審判暫行條例

第一條 軍人犯海軍刑事條例或暫行刑律所揭各罪或違警罪及於其他法律之定有刑名者又雖非軍人而犯海軍刑事條例第二條所記載之罪者均依海軍軍法會審審判之

其海軍官署或軍人受有損害之附帶私訴者亦同

第二條 海軍軍法會審不准旁聽但宣告判決時以軍人為限准其旁聽

第三條 本條例稱軍人者即海軍刑事條例第八條第九條所揭之謂

第四條 本條例稱上官者即海軍刑事條例第十四條所揭之謂

第五條 軍人犯刑法上之罪或違警罪及其他法律之罪者有軍事檢察權諸官均有起訴之權但罪應親告者不在此限

第六條 軍法會審之類別如左

高等軍法會審
軍法會審
臨時軍法會審

第七條 各軍法會審以審判長審判官理事錄事編成之

第八條 高等軍法會審置審判長一員審判官六員軍法會審置審判長一員審判官四員依被告人之身分派充之但被告人為軍醫軍需製造陸戰隊等人員而所犯之罪與其職務有關係者審判官中須有二員以上與被告人同職務者派充之

第九條 臨時軍法會審置審判長一員審判官二員得不拘被告人之身分派充之

第十條 海軍艦船遠離總司令駐防之處海軍部對於艦隊司令得付與以組織高等軍法會審之權

政府公報 條例　五月九日第一百二十四號

正阳门改建工程用款简明清单呈文

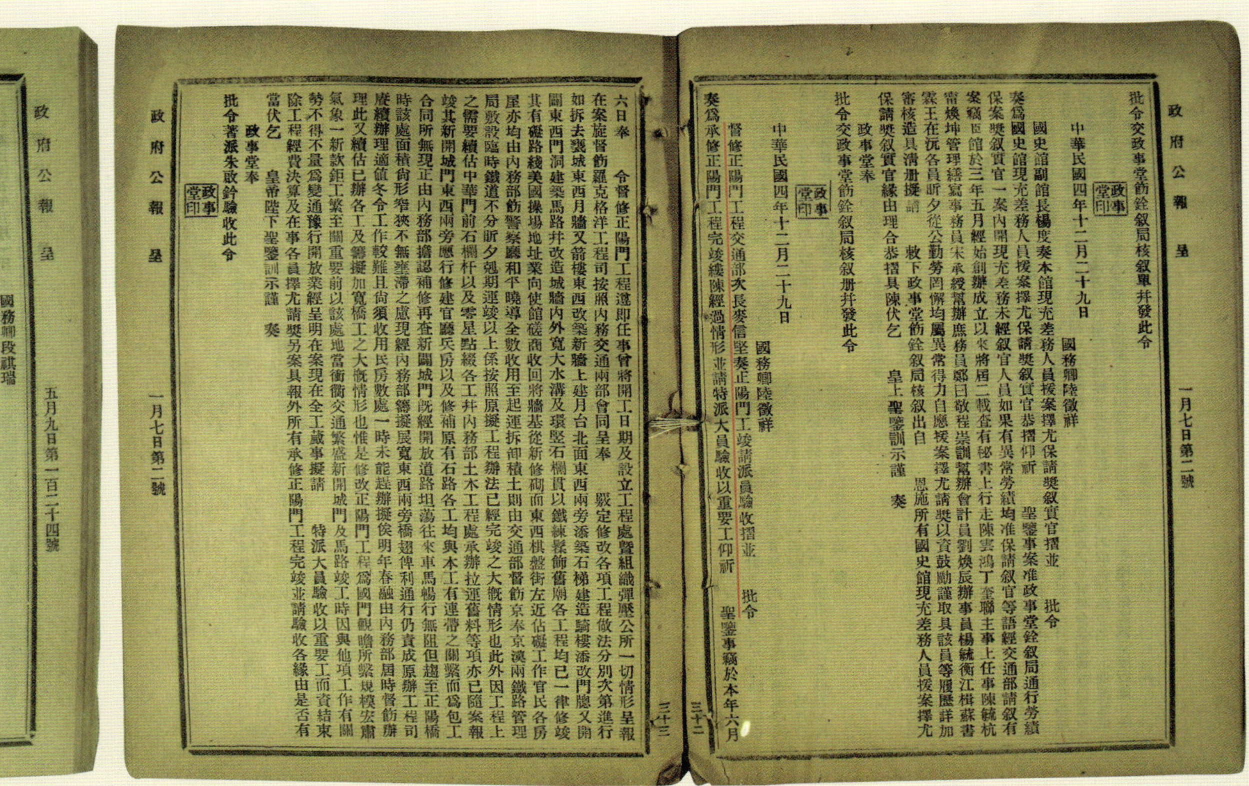

政府公報　呈　五月九日第一百二十四號

國務卿段祺瑞

蒙藏院呈舊土爾扈特右旗鎮國公諾爾布林沁病故請派員就近致祭並請給予賻銀文並　批令

爲據情呈請事竊准新疆巡按使咨稱據舊土爾扈特南部落護理扎薩克盟長印務達喜巴雅爾轉報右旗鎮國公諾爾布林沁患病醫藥罔效於本年二月十一日出缺等情護盟長覆查屬實理合轉報核轉等因前來查舊例鎮國公病故由內閣撰譯祭文就近派員致祭祭品用羊四隻酒四瓶並照案按各該爵年俸數目發給賻銀歷經辦理在案今鎮國公諾爾布林沁病故自應援照例案呈請　派員就近致祭如蒙　允准即由院撰譯祭文恭請　用印發下咨行新疆巡按使置備祭品就近派員前往奠醊並照鎮國公年俸例給予賻銀三百兩所有祭品賻銀及派員川資應准作正開銷是否有當理合據情呈請謹乞　大總統鈞鑒訓示施行謹　呈

政事堂奉

批令應准給予賻銀三百兩並由新疆巡按使就近派員前往奠醊所有祭品賻銀及派員川資均准作正開銷即由該院分行遵照此令

中華民國五年五月一日　（大總統印）　國務卿段祺瑞

督修正陽門工程麥信堅呈正陽門工程完竣擬將督修工程處裁撤文並　批令

爲正陽門工程完竣擬將督修工程處裁撤恭呈仰祈　鈞鑒事竊信堅於上年六月六日奉　令督修正陽門工程旋由內務部刊[illegible]木質關防啟用當經假京奉鐵路正陽門車站房屋設立督修工程處並酌派

政府公報　呈　一月七日第二號

批令交政事堂飭銓敘局核敘單并發此令

中華民國四年十二月二十九日　（政事堂印）　國務卿陸徵祥

國史館副館長楊度奏本館現充差務人員援案擇尤保請獎敘實官摺並　批令

奏爲國史館現充差務人員援案擇尤保請獎敘實官恭摺仰祈　聖鑒事案准政事堂銓敘局通行勞績保案獎敘實官一案內開現充差務未經敘官人員如果有異常勞績均准保請敘官等語經交通部請敘有案竊臣館於三年五月經始創辦成立以來將屆二載查有秘書上行走陳雲鴻丁奎聯主事上任事陳毓杭甯煥坤管理繕寫事務員宋承綬幫辦庶務員鄭曰敬程崇訓幫辦會計員劉煥辰辦事員楊毓衡江楫蘇書霖王在沅各員昕夕從公勤勞罔懈均屬異常得力自應援案擇尤請獎以資鼓勵謹取具該員等履歷詳加審核造具清冊擬請　敕下政事堂飭銓敘局核敘出自　恩施所有國史館現充差務人員援案擇尤保請獎敘實官緣由理合恭摺具陳伏乞　皇上聖鑒訓示謹　奏

政事堂奉

批令交政事堂飭銓敘局核敘冊并發此令

中華民國四年十二月二十九日　（政事堂印）　國務卿陸徵祥

督修正陽門工程交通部次長麥信堅奏正陽門工竣請派員驗收摺並　批令

奏爲承修正陽門工程完竣縷陳經過情形並請特派大員驗收以重要工仰祈　聖鑒事竊於本年六月

三十二

政府公報　呈　一月七日第二號

六日奉　令督修正陽門工程遵即任事曾將開工日期及設立工程處暨組織彈壓公所一切情形呈報在案旋督飭羅克格洋工程司按照內務交通兩部會同呈奉　覈定修改各項工程做法分別次第進行如拆去甕城東西月牆又箭樓東西改築新牆上建月台北面東西兩旁添築石梯建造騎樓添改門牕又開闢東西門洞建築馬路并改造城牆內外寬大水溝及環竪石欄貫以鐵練髹飾舊廟各工程均已一律修竣其有礙路綫美國操場地址業向使館磋商收回將牆基從新修砌而東西棋盤街左近佔礙工作官民各房屋亦均由內務部飭警察廳和平曉導全數收用至起運拆卸積土則由交通部督飭京奉京漢兩鐵路管理局數設臨時鐵道不分昕夕剋期運竣以上係按照原擬工程辦法已經完竣之大概情形也此外因工程上之需要續估中華門前石欄杆以及零星點綴各工并內務部土木工程處承辦拉運舊料等項亦已隨案報竣其新開城門東西兩旁應行修建官廳兵房以及修補原有石路各工均與本工有連帶之關緊而爲包工合同所無現正由內務部擔認補修再查新闢城門既經開放道路坦蕩往來車馬暢行無阻但趨至正陽橋時該處面積尙形窄狹不無壅滯之虞現經內務部籌擬展寬東西兩旁橋翅俾利通行仍責成原辦工程司賡續辦理適值冬令工作較難且尙須收用民房數處一時未能趕辦擬俟明年春融由內務部屆時督飭辦理此又續估已辦各工及籌擬加寬橋工之大概情形也惟是修改正陽門工程爲國門觀瞻所繫規模宏肅氣象一新款鉅工緊至關重要前以該處地當衝衢交通繁盛新開城門及馬路竣工時因與他項工作有關勢不得不量爲變通豫行開放業經呈明在案現在全工蕆事擬請　特派大員驗收以重要工而資結束除工程經費決算及在事各員擇尤請獎另案具報外所有承修正陽門工程完竣並請驗收各緣由是否有當伏乞　皇帝陛下聖鑒訓示謹　奏

政事堂奉

批令著派朱啓鈐驗收此令　（政事堂印）

三十三

正阳门改建完工后呈请工程处裁撤文

正阳门改建完工后呈请验收文

1928年

北平国货陈列馆

民国时期，正阳门顺应社会发展的需要，成为举办国货展览、观光与放映电影的公共场所。1928 年，南京国民政府颁布“保护国货”政策，提出振兴民族工业，提倡民众使用国货。在这种背景下北平国货陈列馆成立，馆址设在正阳门箭楼。同年 11 月，正式对社会开放。

北平国货陈列馆

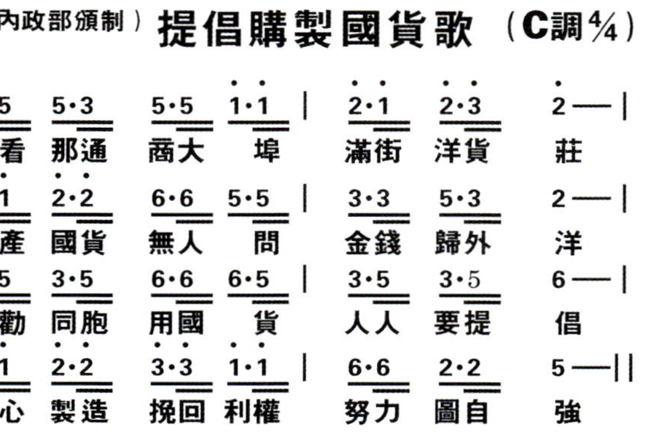
（内政部颁制）提倡購製國貨歌（C調 4/4）
5·5 5·3 5·5 1·1 | 2·1 2·3 2 — |
請看 那通 商大 埠 滿街 洋貨 莊
1·1 2·2 6·6 5·5 | 3·3 5·3 2 — |
土產 國貨 無人 問 金錢 歸外 洋
3·5 3·5 6·6 6·5 | 3·5 3·5 6 — |
奉勸 同胞 用國 貨 人人 要提 倡
1·1 2·2 3·3 1·1 | 6·6 2·2 5 — ||
精心 製造 挽回 利權 努力 圖自 強

《提倡购制国货歌》

北平国货陈列馆内的展柜

北平国货陈列馆内

1929年

孙中山灵柩出正阳门

正阳门见证了国民革命先驱孙中山在北京的革命历程。1912 年 8 月 24 日、1924 年 12 月 31 日，孙中山先后应袁世凯、冯玉祥之邀乘火车赴京共商国是，两次抵京专列均停靠在正阳门东火车站，受到民众热烈欢迎。1925 年 3 月 12 日，孙中山先生在北京病逝，1929 年 5 月 27 日其灵柩经正阳门前往火车站奉安南京中山陵。

1912 年 8 月 24 日，孙中山在自津赴京的专列上留影（北京中山堂提供）

1912 年 8 月 24 日下午孙中山抵京，在正阳门旁前门火车站与各界欢迎者合影（北京中山堂提供）

1929 年 5 月 27 日，移灵队伍进入正阳门东火车站（北京中山堂提供）

1937年

北平沦陷后的正阳门

1937年7月7日，卢沟桥事变爆发。7月29日，日军占领北平。8月8日，侵华日军举行入城式，从广安门、永定门、朝阳门进入北平。北平沦陷后，迫于日军与日伪政府的压力，1941年年初国货陈列馆被迫迁往北海先蚕坛，正阳门箭楼作为“北平国货陈列馆”的使命结束。

日军占领卢沟桥（1937年7月，中国人民抗日战争纪念馆提供）

日军登上永定门城楼（1937年8月8日）

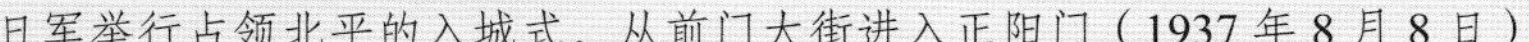
日军举行占领北平的入城式，从前门大街进入正阳门（1937 年 8 月 8 日）

日军在朝阳门城楼上（1937 年 8 月 8 日）

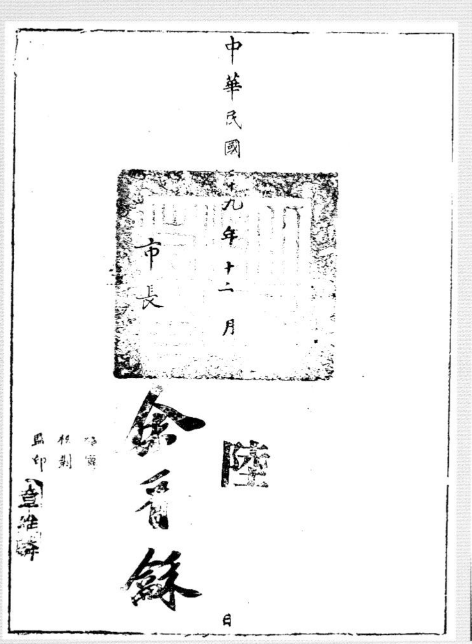
中華民國　　年十二月　　日

市長　余晋龢

繕寫
校對
監印

北京特別市公署指令

字第505號

令國貨陳列館

呈一件奉諭將本館遷往北海蠶壇切實整頓等因遵

查該壇房屋甚為適宜擬將舊物及殘破者拍賣作

遷移費如不敷由市庫補助當否請示由

呈件均悉准予照辦應將必要費用先行估計呈奪除令飭

北海公園委員會遵照外仰即遵照此令件存

案呈請

核示以資迅速其遷移後如何推陳出新及努力向本

市及各省市另行徵集重要物產以符提倡本旨之處自

當仰副

鈞座期望及維護之意旨辦理所陳是否有當理合稍呈

伏乞

鑒核批示遵行謹呈

市長余

全銜吳□□

遷移費如有不敷再由市庫補助以上所呈如蒙

批准擬即着手办理先行組織拍賣委員会由

鈞署及商会派委員督率办理以昭大宍一方枱商

估計遷移費用及核計修繕裱糊開辦等預算另

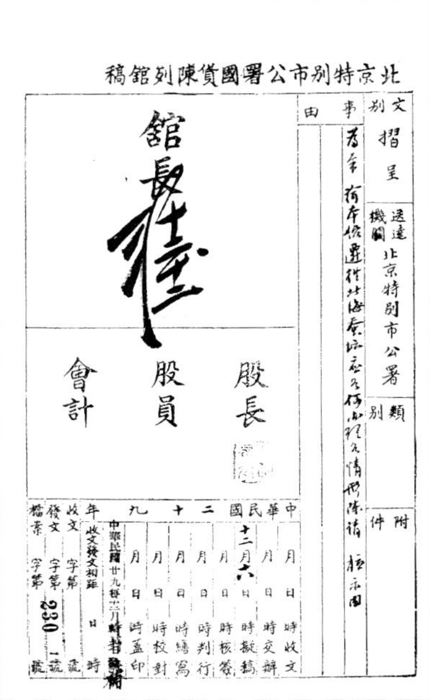

北京特別市公署國貨陳列館稿

館長
股長
股員
會計

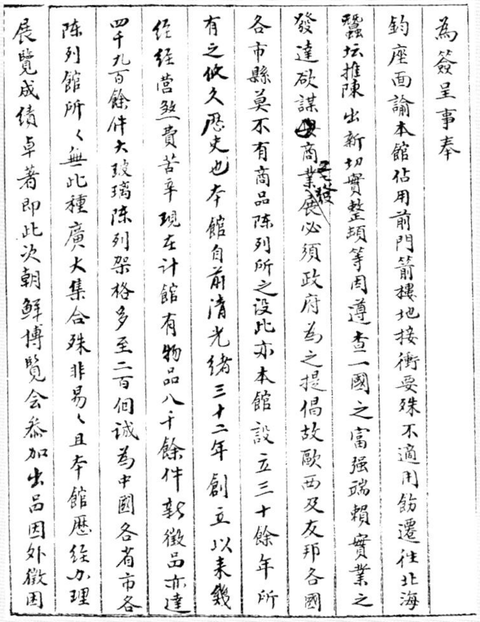

為簽呈事奉
鈞座面諭本館佔用前門箭樓地接衢要殊不適用飭遷往北海
蠶坛推陳出新切實整頓等因遵查一國之富强端賴實業之
發達欲謀工商業發展必須政府為之提倡故歐西及友邦各國
各市縣莫不有商品陳列所之設此亦本館設立三十餘年所
有之悠久歷史也本館自前清光緒三十二年創立以來幾
經經營歷費苦辛現在計館有物品八千餘件新徵品亦達
四千九百餘件大玻璃陳列架格多至二百個誠為中國各省市各
陳列館所之無此種廣大集合殊非易易且本館歷經辦理
展覽成績卓著即此次朝鮮博覽会参加出品因外徵国

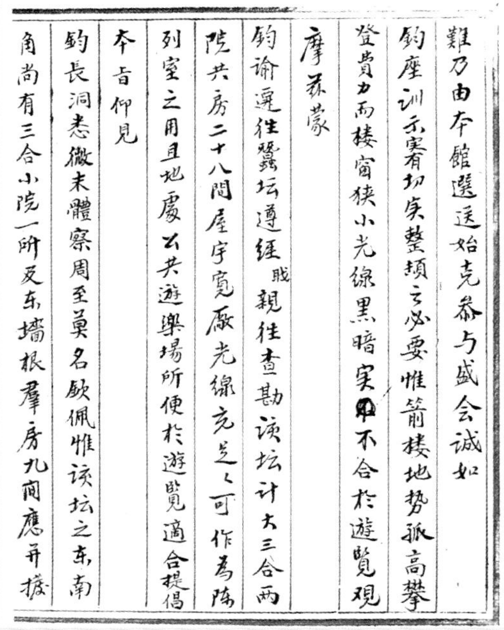

難乃由本館選送始克恭与盛会誠如
鈞座訓示寔有切实整頓之必要惟箭樓地勢孤高攀
登費力而樓窗狭小光線黑暗实不合於遊覽觀
摩兹蒙
鈞諭遷往蠶坛遵經職親往查勘该坛計大三合兩
院共房二十八間屋宇寬敞光線充足〻可作為陳
列室之用且地處公共遊樂場所便於遊覽適合提倡
本旨仰見
鈞長洞悉徹末體察周至莫名欽佩惟该坛之东南
角尚有三合小院一所及东墙根庫房九間應并撥

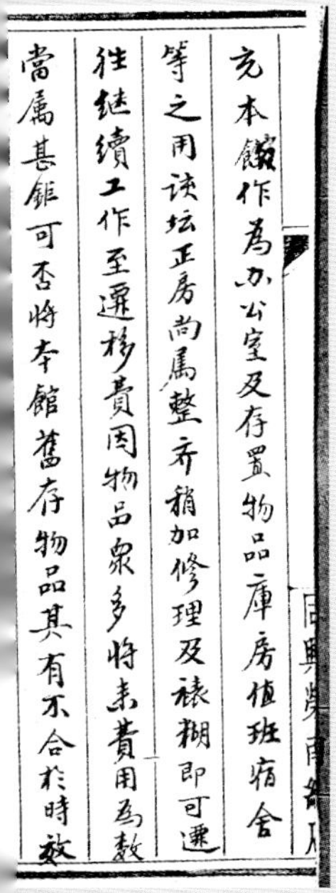

充本館作為办公室及存置物品庫房值班宿舍
等之用该坛正房尚属整齊稍加修理及裱糊即可遷
往继續工作至遷移費因物品衆多將来費用為数
當屬甚鉅可否將本館舊存物品其有不合於時效

1940 年、1941 年拟将国货陈列馆迁往北海先蚕坛的呈文与回复（北京市档案馆提供）

中華民國三十年一月十七日

市長 余晉龢

繕寫
校對
監印

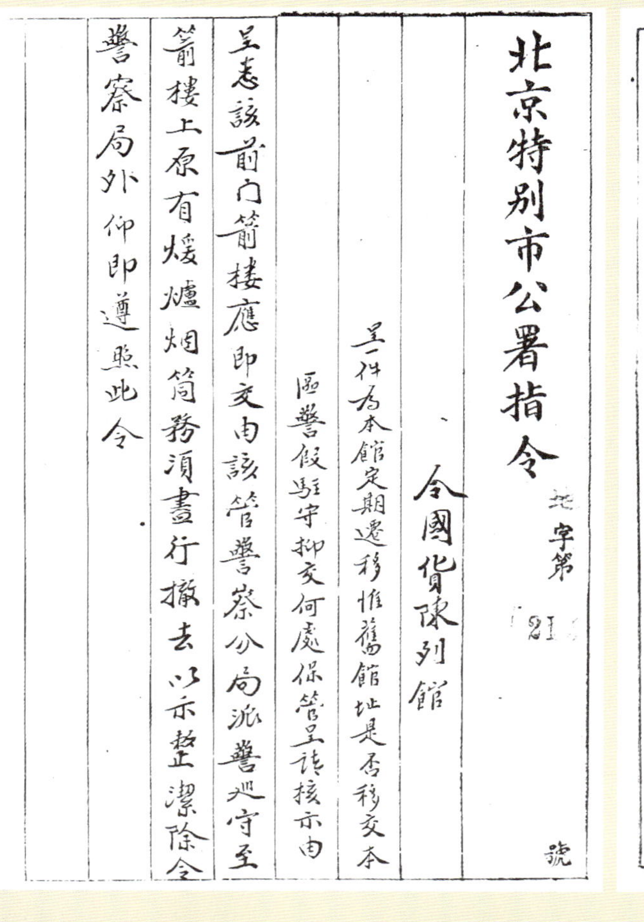
北京特別市公署指令　北字第 21 號

令國貨陳列館

呈一件為本館定期遷移惟舊館址是否移交本區警假駐守抑交何處保管呈請核示由

呈悉該前门箭樓應即交由該管警察分局派警巡守至箭樓上原有煖爐烟筒務須盡行撤去以示整潔除令警察局外仰即遵照此令

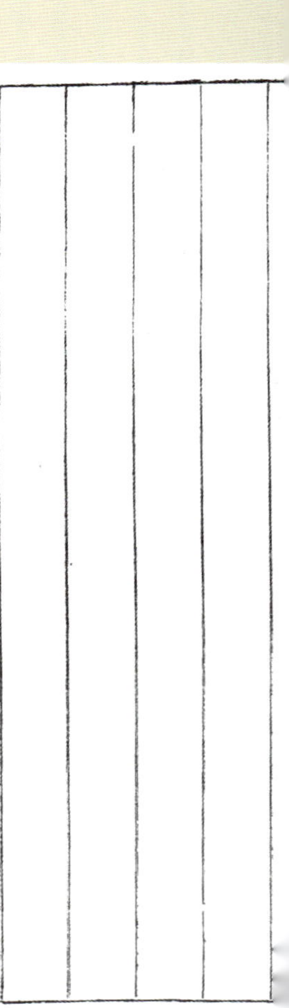

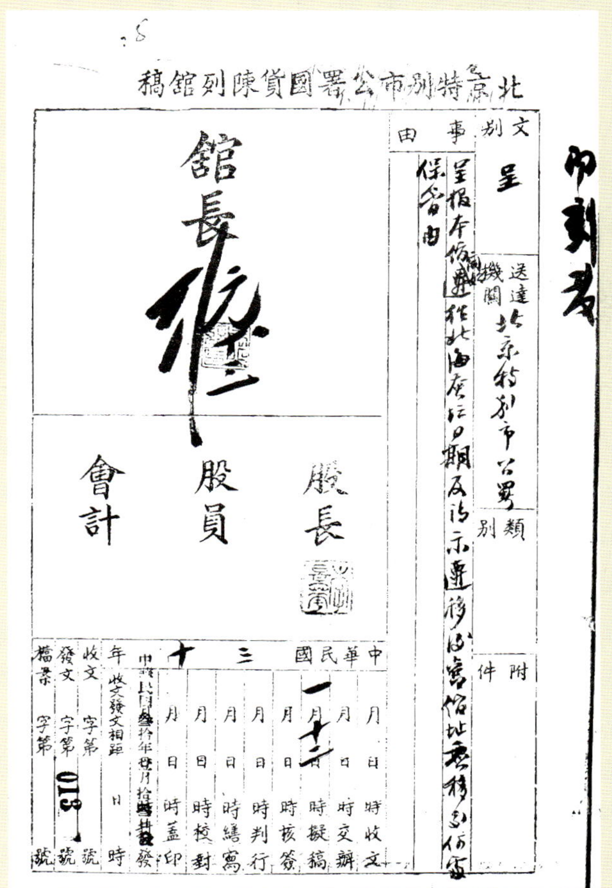
北京特別市公署國貨陳列館稿

文別	呈
事由	
送達機關	
類別	
附件	

館長

股長　股員　會計

中華民國三十　年　月　日

拟将正阳门箭楼自此移交“本区警段驻守”的呈文与回复（北京市档案馆提供）

1949年

迎接新时代

1949 年 1 月 31 日，北平和平解放。2 月 3 日，中国人民解放军举行了盛大的入城式。平津战役总前委的首长、北平市委和北平各界民主人士代表，在正阳门箭楼南侧月台上检阅了入城部队。从此，正阳门的历史翻开了新的篇章。

正阳门箭楼前欢迎解放军的人群（1949 年 2 月）

林彪（中）、罗荣桓（右）、聂荣臻（左）在正阳门箭楼上检阅入城部队（1949 年 2 月）

解放军入城部队经过前门大街（1949 年 2 月）

经过正阳门的解放军部队（1949 年 2 月）

箭楼上的标语

在不同的时代，箭楼上曾悬挂过不同的照片和标语。这里选取了新中国成立后箭楼的四张照片，折射了一个时代的特征。

箭楼上张挂毛泽东主席和苏联最高苏维埃主席团主席伏罗希洛夫画像（1957 年 4 月）

正阳门箭楼前参加国庆游行的少先队员（1959 年 10 月 1 日）

正阳门城楼上张挂的标语（1972 年 4 月）

正阳门箭楼上张挂的标语（20 世纪 80 年代）

1976年

唐山大地震后的大修

1976年唐山“7·28地震”波及北京，正阳门城楼受损。9月，北京市政府决定对正阳门城楼进行修缮。工程由北京市建筑设计院设计，市房修二公司施工，于次年5月完工。城楼在修缮的同时还安装了避雷设施。

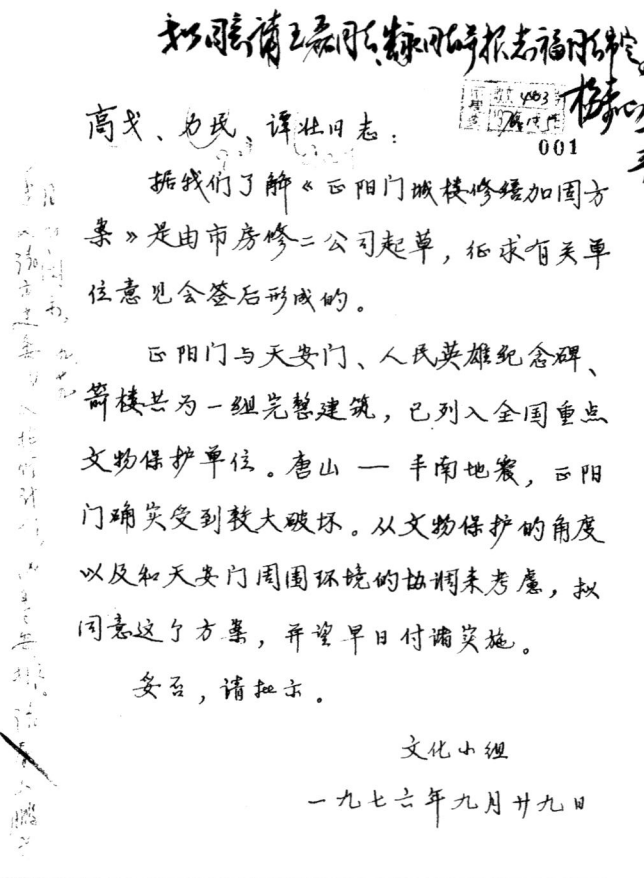

001

高戈、为民、谭壮同志：

据我们了解《正阳门城楼修缮加固方案》是由市房修二公司起草，征求有关单位意见会签后形成的。

正阳门与天安门、人民英雄纪念碑、箭楼共为一组完整建筑，已列入全国重点文物保护单位。唐山—丰南地震，正阳门确实受到较大破坏。从文物保护的角度以及和天安门周围环境的协调来考虑，拟同意这个方案，并望早日付诸实施。

妥否，请批示。

文化小组

一九七六年九月廿九日

1976年《正阳门城楼修缮加固方案》及请示

正阳门城楼修缮加固方案

根据市委领导同志对正阳门城楼修缮加固的批示精神及唐山—丰南地震后，城楼大脊西侧脊兽前脸震落上层砖墙劈裂，东西大门过梁震落三根，原有损坏部分也有加重（已由市房修二公司进行了排险）等情况，为了文物古建筑的保护，增强抗震性能，以及和天安门、箭楼建筑物的协调，提出如下修缮加固方案：

一、屋顶部分

1、脊兽重新烧制

2、吉头检修，连吉、瓦口、椽望等糟朽者更换。

3、捉节夹垅，添配瓦件。

4、东南垂脊局部挑修。

二、大木部分

1、吉柱柱脚部分糟朽，检查后按实际情况，墩接或加固处理。各柱原有铁箍，大多数已松动（包括抱柱）须换新箍。

2、梁架大木节点，由于抗震要求，应加铁活加固，做法由市建筑设计院设计。

三、平座部分

1、木栏杆按原样加固。糟朽损坏部分按原样换新。

2、压面石归按，方砖地面裂缝，用1：3水泥砂浆嵌缝。

3、挂落板糟朽者按原样修配。

4、木门窗、木隔扇、木楼梯，按原样整修。

四、城楼一、二层砖墙：

1、二层砖墙，全部拆除重砌。外吉保持原状，厚度可适当减薄（内吉改为"内包金"，厚度可减少22公分），使用旧砖、25号混合砂浆。墙上、下各加一道6～10公分钢筋混凝土配筋带（各配6—φ12，φ6—300）砼：150[#]，钢筋3号钢。

外吉混合砂浆打底，红麻刀灰抹面。内吉白灰抹面。

2、一层砖墙，灰皮修补。裂缝（门口上部八字裂缝及暗柱处内外墙垂直裂缝）均用100　水泥砂浆堵缝灌严（小缝外部抹严即可）。

五、城台部分：

1.城台墙面灰缝脱落严重，亦有缺边掉角现象，均用水泥砂浆串缝。缺砖，掉砖部分可用旧城砖堵砌。砖面酥碱严重者局部挖补择砌。

2、城台四角有明显裂缝，可用100[#]砂浆（或掺豆石）分层塞严。

3、城台北面有水泥标语牌，抹面粗糙，字迹已模糊不清，可将水泥面凿掉，打点修复如旧城面。

4、现有的出入口，只有几级钢筋爬梯，登城时攀缘而上，很不方便，拟改由东侧南门洞（上有砼过梁）新作踏步，图样由市建筑设计院设计。

5、疏通城台排水，东侧新作排水口二个，东西两面的护坡整修。

六、油漆彩画：

为了和北面的天安门及南面的箭楼协调，城楼彩画采用金线小点小点金旋子彩画（原为金线小点金，轱辘草彩画）地仗，上架及下架均用一布四灰。斗拱椽望用二遍捉找。内吉不做彩画。

七、避雷设备

拆除新按。

以上修缮加固项目，由市建筑设计院设计，市房修二公司施工。工程概算25万元。所需主要材料附后（见附表）拟于第四季度做好准备，明年5月1日前竣工。

天安门管理处　　建筑设计院

文物管理处　　市房修二公司

1976年9月14日

正阳门城楼修缮加固主要材料表

1、木材　　200立米（成材）

2、钢材　　40吨

其中：线材钢　5吨

元　钢　15吨

型　钢　5吨

管　材　15吨

3、铅丝　　8吨（8[#]铅丝）

4、水泥　　90吨（400[#]普通水泥）

5、机砖　　5万块

6、油毡　　50卷

7、沥青　　2吨

8、白面　　1200公斤

9、生油　　5000公斤

10、乳液　　500公斤

11、各色调和漆　　2000公斤

1988年

保护为主、合理利用

新中国成立后，正阳门得到党和政府的科学保护。1988 年 1 月 13 日，国务院公布正阳门城楼和箭楼为第三批全国重点文物保护单位。同年 8 月 16 日，北京市正阳门管理处成立。随后，对正阳门箭楼、城楼进行了全面修缮。1990 年 1 月 21 日箭楼正式对公众开放。1991 年 6 月 29 日城楼对外开放。

即将开放的正阳门箭楼（1990）

全国重点文物保护单位
正阳门
中华人民共和国国务院
一九八八年一月十三日公布
北京市文物事业管理局一九九零年十月立

正阳门城楼的保护标志

全国重点文物保护单位
正阳门
（箭楼）
中华人民共和国国务院
一九八八年一月十三日公布
北京市文物事业管理局一九九零年十月立

正阳门箭楼的保护标志

正阳门城楼与箭楼（1990）

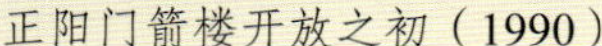
正阳门箭楼开放之初（1990）

正阳门城楼开放暨《中国共产党在北京》展览新闻发布会（1991）

正阳门城楼开放之初举办的展览——《中国共产党在北京》（1991）

2005年

与时代同行

随着时代前行的脚步，正阳门不仅发展成为一座展示老北京历史文化的博物馆，同时也在北京乃至全国的重大活动中展现身姿。为迎接2008年奥运盛典，2005年北京市政府投入资金上千万，对正阳门城楼、箭楼进行了修缮。修葺一新的正阳门为古老而现代的京城更添风采。

2004年10月9日，“中法文化年”开幕式以正阳门城楼为背景在天安门广场举行。在电脑墙幕灯的照射下，正阳门呈现出象征法国国旗颜色的红、白、蓝三色

2005 年修缮正阳门城楼情景

2005 年修缮正阳门箭楼情景

修缮后的正阳门城楼与箭楼（2006）

奥运烟花笑脸下的正阳门箭楼（2008）

奥运烟花“大脚印”在正阳门上空绽放（2008）

国庆 60 周年夜空烟花渲染下的正阳门城楼（2009）

国庆 60 周年烟花下的正阳门（2009）

市井大前门
QIANMEN FOR EVERYONE OF BEIJING
“我骑在我的战马上，也就是我那破旧的二八凤凰牌自行车上，每过正阳门，我的目光便会在那高大灰暗的建筑上停留片刻。那是画册中的前门、歌曲中的前门、烟卷包装纸上的前门。”
——《想象我居住的城市》
西川，北京诗人
"Every time I passed through Zhengyangmen on my "steed", a rattletrap Phoenix bike with 28-inch wheels, my eyes would fall upon the lofty, grey building for an instant. It was the Qianmen in albums, in songs and on cigarette packs."
—Visualising the city where I live,
by Xichuan, Beijing poet
前门风俗 CUSTOM FRONT DOOR

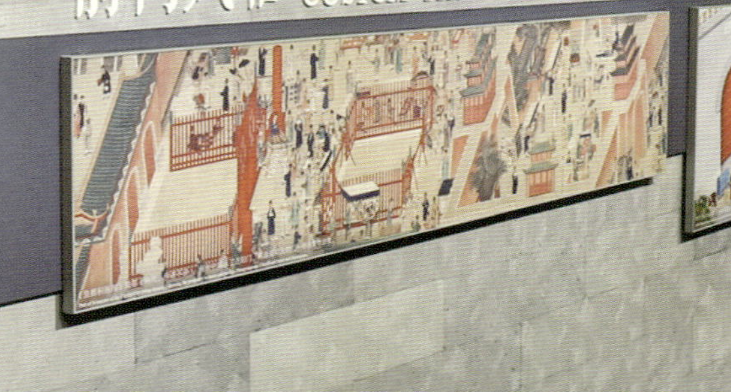

第四单元　市井大前门

“我骑在我的战马上，也就是我那破旧的二八凤凰牌自行车上，每过正阳门，我的目光便会在那高大灰暗的建筑上停留片刻。那是画册中的前门、歌曲中的前门、烟卷包装纸上的前门。”

——《想象我居住的城市》
西川，诗人

前门风俗

正阳门宅中定位、经纬四通的地理位置优势，使这座帝都国门从明代开始就非常繁华。清末正阳门火车站修建后，前门地区车马辐辏、商贾云集、店铺林立，是老北京最为繁华的街市、京味儿文化荟萃之地。时至今日，大前门仍然是老北京的象征，在老百姓心目中有着难忘的回忆。一曲《前门情思大碗茶》，唱出了京城百姓对大前门的一段回忆、一种情结。

《皇都积胜图》局部（明代，作者不详）。画面中展示了正阳门、棋盘街和大明门一带的繁华景象

正阳门关帝庙与观音庙

明清北京内城的九座瓮城内都建有庙宇，除德胜门、安定门供奉真武大帝外，其余各门均供奉关帝。其中规模最大、香火最旺的当属正阳门关帝庙。正阳门内另有观音庙一座。1642 年松山之战后，崇祯皇帝以为爱将洪承畴殉难，下令在正阳门瓮城内建祠堂祭祀，后得知洪承畴非但未死，而且已经投降清军，无奈令人将祠堂改为观音庙。

正阳门瓮城内的关帝庙（西侧）与观音庙（东侧）

正阳门瓮城拆除前的关帝庙和观音庙

正阳门关帝庙正门

正阳门关帝庙内的关帝像

正阳门关帝庙内景

在正阳门关帝庙进香的人（民国时期）

都门竹枝词　【清】杨米人

吕祖祠中好梦留，白云观里访仙游。
灵签第一推关庙，更去前门洞里求。

都门杂咏·关帝庙　【清】杨静亭

来往人皆动拜瞻，香逢朔望倍多添。
京中几万关夫子，难道前门许问签？

都门竹枝词　【清】李孚青

女伴金箍燕尾肥，手提长袖走桥迟。
前门钉子争来摸，今岁宜男定是谁。

帝京踏灯词　【清】刘廷玑

高髻轻钿贴翠翎，今宵偏不坐云軿。
桥边小步归来喜，摸得城门铁叶钉。

明清至民国时期，北京妇女盛行“走桥摸钉”之俗，相传正阳门秉“正阳之气”而宜男丁，每年正月十五京城妇女都争相前往正阳门箭楼摸门钉。

京奉铁路正阳门东车站

京奉铁路正阳门东车站

清末，正阳门箭楼东、西两侧先后建立起两座火车站。京奉铁路正阳门东车站位于正阳门箭楼东侧，建于 1903 年，1906 年正式启用，后又先后更名为前门站、北平东站、北京站。车站建筑为欧式风格，是中国近代铁路车站建筑的早期代表作，一直到 1958 年都是全国最大的火车站。1959 年，新北京站建成后停业。2010 年 10 月，馆舍作为中国铁道博物馆正阳门馆正式对外开放。

京汉铁路正阳门西车站位于正阳门箭楼西侧。京奉、京汉两铁路站建成后，各地来京者第一眼看见的就是正阳门，城门的巍峨大气给无数人留下了深刻的印象。

正阳门城楼与京奉铁路正阳门东车站

京奉铁路正阳门东车站外景象

京汉铁路正阳门西车站

京汉铁路正阳门西站（中国铁道博物馆提供）

前门“汉平铁路车站

京汉铁路正阳门西站位于正阳门箭楼西侧，是京汉铁路的始发站，1905 年建成启用，1958 年拆除。

京汉铁路原称卢汉铁路（卢沟桥至汉口），是甲午战争后清政府准备自己修筑的第一条铁路。由于国库空虚，1897 年向比利时借款，但同时路权旁落。1900 年八国联军攻占北京后，为保障军需，将铁路延至正阳门西侧。1906 年 4 月 1 日，铁路全线通车，全长 1214 公里，改称京汉铁路。1928 年 6 月，改称平汉铁路。1949 年 10 月，复称京汉铁路。

火车站外等车的外国人

商旅辐辏

近600年的历史积淀，铸就了前门地区深厚的文化底蕴和绚烂的商业文明。明代前门一带就非常繁华。1644年清朝定都北京后，下令内城只许八旗军民居住，把原来居住在内城的汉人强迫迁到外城，客观上又促进了位于内外城交界点上正阳门大街的繁荣。该地区具备了商业、休闲、文化娱乐、居住、交通等多种功能，浓缩了老北京的建筑文化、商贾文化、会馆文化、梨园文化、民俗文化，是老北京最具代表性的历史街区。以商业为例，大栅栏等商业街会聚了全聚德、同仁堂、内联陞、瑞蚨祥、六必居、张一元等数百家老字号；西河沿街的银庄、银行、劝业场（百货商场）和旅馆业闻名京城。

从正阳门箭楼眺望前门大街

清末前门大街繁荣景象（图片来自阿尔方斯·冯·穆默著《穆默的摄影日记 /Ein Tagebuch in Bildern》）

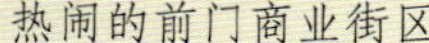

热闹的前门商业街区

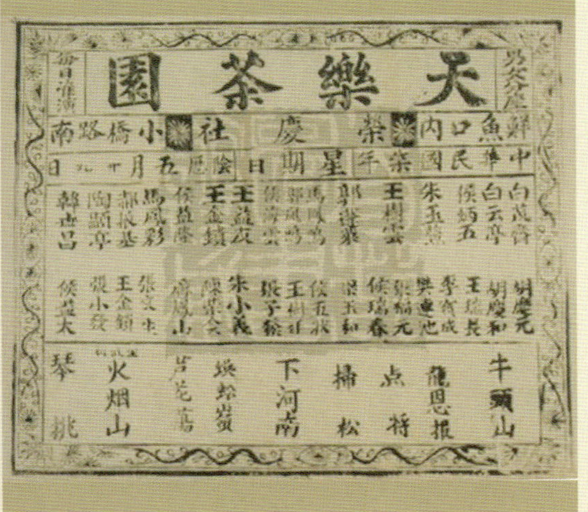

天乐园老戏单（天乐园大戏楼提供）

清代规定曲艺杂耍一律不得进入内城，因此戏园一律设在外城，其中又以“正阳门外最盛”。清代中晚期以来，京剧兴盛，王公贵族、寻常百姓皆爱好前往前门外听戏赏乐，著名的戏院有广和楼、天乐园、中和戏园等。清代杨米人在《都门竹枝词》中写道：“半膘无事撞街头，三五成群逐队游。天乐馆中瞧杂耍，明朝又上广和楼。”

前门楼子也和演出有不解之缘：20世纪30年代箭楼开设过电影院；1949年大众游艺社成立，在箭楼内表演大鼓、单弦、快板、相声等新曲艺。

广和剧场剧照（广和楼戏园提供）

大观楼影城旧照（大观楼电影院提供）

曲艺名家魏喜奎等人在正阳门箭楼内演出的剧照
（1950年，北京曲剧团提供）

油画《前门》（1922）。刘海粟（1896–1994），现代杰出画家、美术教育家（刘海粟美术馆提供）

老明信片上的正阳门

Chien Men (Stadttor) nach dem Neubau Peking.
Chien Men City Gate after its reconstruction. Peking.
門陽正

（北京）北寧鐵路 正陽門附近全景 右ヨリ正陽門
東車站（東停車場）中華門ノ眺望
View of Seiyomon, Peking.

(No, 16) The New Street of Chien Men (Peking) 北京正陽門

THE STREET SCENE

（北京）正陽門譙樓
Seiyomon-Shoro, Peking.

（北京）壯大なる偉容四隣を壓する正陽門
Seiyomon, Pecking.

景全門
SEIYOM

大前门香烟

大前门香烟诞生时是地道的洋烟，1916 年由英美烟草公司首次推出，随即风靡全国。当时的广告这么宣传："大人物吸大前门落落大方""款客用名贵的大前门，最足表示主人的敬意""请客须以大前门香烟，聊表款待之谊。大前门香烟系最先在中国制造之上等香烟"。1952 年"大前门"商标被收归国有，由上海、青岛、天津三家卷烟厂共同拥有。时至今日，大前门香烟已经走过了百年历史，版式达 300 多种，但图案基本没有大的变化，成为我国卷烟品牌中使用期最长、生产厂家最多的烟标。

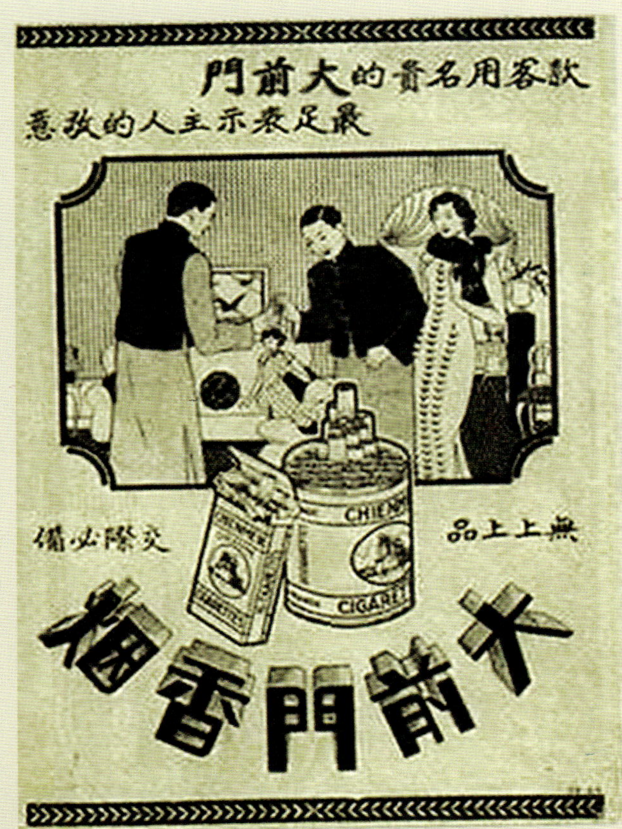
款客用名貴的大前門
最足表示主人的致意
交際必備
無上上品
大前門香烟

CHIENMEN
GRANDE
CIGARETTES
10 CIGARETTES
50 CIGARETTES
GRANDE

大前門
KING SIZE
上海烟草集团有限责任公司出品
吸烟有害健康
戒烟可减少对健康的危害

大前門
DAQIANMEN
SHANGHAI TOBACCO GROUP CO.,LTD.
200
吸烟有害健康
尽早戒烟有益健康

前门情思大碗茶

阎肃 词
姚明 曲

我爷爷小的时候
常在这里玩耍
高高的前门
仿佛挨着我的家
一蓬衰草
几声蛐蛐儿叫
伴随他度过了那灰色的年华
吃一串儿冰糖葫芦就算过节
他一日那三餐
窝头咸菜么就着一口大碗儿茶
啦……
世上的饮料有千百种
也许它最廉价
可谁知道
谁知道
谁知道它醇厚的香味儿
饱含着泪花
它饱含着泪花

如今我海外归来
又见红墙碧瓦
高高的前门
几回梦里想着它
岁月风雨
无情任吹打
却见它更显得那英姿挺拔
叫一声杏仁儿豆腐
京味儿真美
我带着那童心
带着思念么再来一口大碗儿茶
啦……
世上的饮料有千百种
也许它最廉价
可为什么为什么
为什么它醇厚的香味儿
直传到天涯
它直传到天涯

【结束语】

“这个城墙由于劳动的创造，它的工程表现出伟大的集体创造与成功的力量。这环绕北京的城墙，主要虽为防御而设，但从艺术的观点看来，它是一件气魄雄伟、精神壮丽的杰作……它不只是一堆平凡叠积的砖堆，它是举世无匹的大胆的建筑纪念物，磊拓嵯峨，意味深厚的艺术创造。无论是它壮硕的品质，或是它轩昂的外像，或是那样年年历尽风雨甘辛，同北京人民共甘苦的象征意味，总都要引起后人复杂的情感的。”

——《关于北京城墙存废问题的讨论》
梁思成，建筑教育家、建筑学家

守正出奇　创新升华

——建构博物馆故事的空间结构

穆力兵　洪　烨

北京众邦展览有限公司

一个优秀的演讲者能把平淡无奇的东西讲得惊心动魄，一个拙劣的叙述也能把外星人入侵念得像篇罗列的购物单。因此讲故事的诀窍不在于你讲什么，而在于你怎么讲！其中“结构”决定了每个故事的诠释框架！

同样，一座博物馆也是以一定的结构存在于社会的。博物馆结构宏观上体现为馆址建筑与城市总结构的关系、博物馆内涵在城市文化结构中所处的位置；微观上则呈现于内容结构、空间结构、展示理念的组织结构、展具器材的工艺结构之中，最终才能综合形成一个完整的、有意义的陈列结构。展示与环境、导引与服务、藏品、素材、创意、手段、风格、韵律等等，无一不包含着依据一定的结构进行组织的规律，这些结构相互依存，互相影响。设计就是一门解决问题的学问！把对博物馆的结构分析作为观察、研究、决策的出发点，力图发现决定事物背后的结构模式，追求所有元素综合在一起存在时的最佳结构状态，是我们为《巍巍正阳——北京正阳门历史文化展》陈列设计选择的思维方式

一、以点切入，创新思维

讲好一个故事需要精彩的“故事种子”，没有“故事种子”，纵有洋洋洒洒万语千言也不会让人印象深刻。在博物馆中“故事种子”决定的是看什么！将“故事种子”串联起来的“故事线”则决定了怎么看！

常见的博物馆“故事线”大都以时间为序，采用串联或并联的结构，让观众沿着一条线索

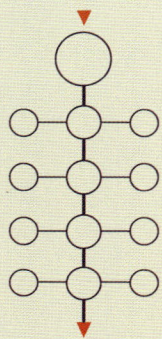

传统故事线的串联结构

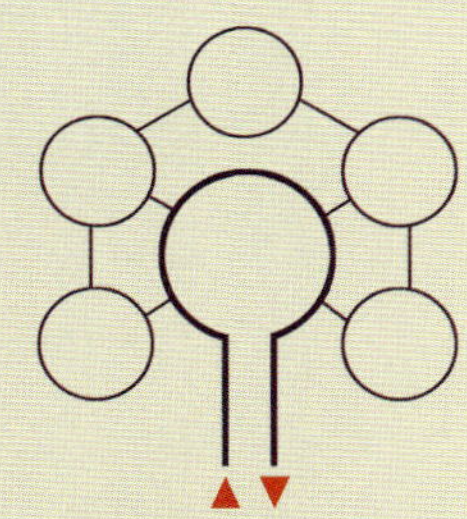

传统故事线的并联结构

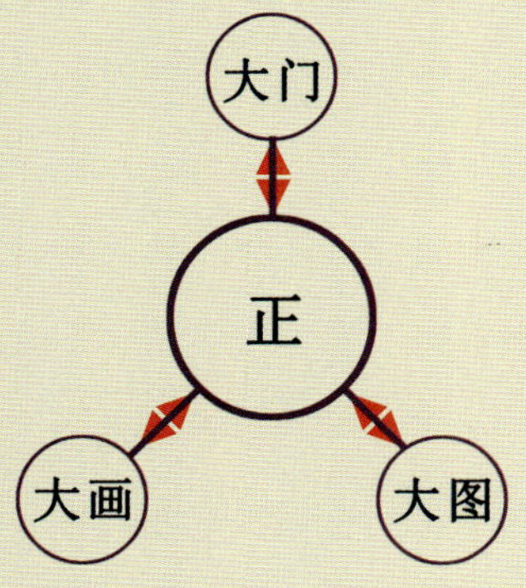

正阳门故事“以点切入”的结构

“走”入情节当中，逐步了解事物的真相或发展脉络。线路固定、线索清晰是这种结构的优势，但往往过长的参观路径会造成观众注意力的分散，受空间分层限制又会产生上下文内容衔接的困难，并不符合当今博物馆鼓励观众自主式、探究式参观的潮流。在本次改陈开始的时候，正阳门管理处的郭豹主任就为我们提出了《巍巍正阳——北京正阳门历史文化展》的全新策划定位：打破线性的展示结构，摒弃整体以时间为轴叙述历史的方式，“以点切入”，将知识拆解为公众能够理解和记忆的片段，用最典型的事物呈现，为我们讲好正阳门的故事埋下了一个个必需的“故事种子”。这种“以点切入”的方式在通过典型、形象、具体的事物加深观众即时记忆的同时，也形成了正阳门自身独特的故事结构：

由一张图（《乾隆京城全图》）、一张画（《乾隆南巡图》）、一个门（建筑空间）建构起来的内容框架，放射性地展开正阳门历史文化的厚重与丰富。

二、点动成线，结构严谨

讲故事中经常用到的技巧是让读者花上一些时间阅读、寻找、分析各元素之间有联系的“小秘密”，让他们读懂、发现才会感到愉悦，从而敬佩“作者”的良苦用心。本展坐落于有着600年历史的古建环境之中，建筑和城市格局，故事内容和室内空间本身就存在着整体和局部的结构关系，我们采取的策略就是让故事结构和空间结构相吻合：

展厅的大门是观众进入的第一视点，从门中间穿过的是举世无双的老北京“中轴线”，它将正阳门的建筑上升为印证城市规划思想的重要一点，同时也是明确“国门”身份的重要故事点，理所当然的应该成为展示心点。以这条“中轴线”为对称，西侧的《乾隆京城全图》与东侧的《乾隆南巡图》，三点之间创造出了一个最稳定的等边三角形结构，三个角的角平分线都连接到一点，这个点就是用铸铜罗盘标记出的正阳门独一无二的身份证明——正阳门的经纬度。这种手法营造出的庄严典雅既来自于古建筑的空间格局，也来自“天授君权”的传统含义。文脉是有 DNA 的，成熟的观众一眼就能看出其中关联。用“物理化”的手段，稳定的布局，使观众一进入展厅时就能看到正阳门与城市的关系，才能更容易读懂这个发生在中轴线上，每每都与国之大事相连的“国门”故事。

我们认为虽然古代建筑的结构大同小异，在古建中举办的特色陈列也不少见，但具备像《巍巍正阳——北京正阳门历史文化展》这样能将内容结构、建筑结构和城市格局和谐结合，创造出的陈列空间才是独树一帜的，因此也奠定了本展无可替代、不可仿效的视觉特点。

铸铜罗盘和正阳门经纬度

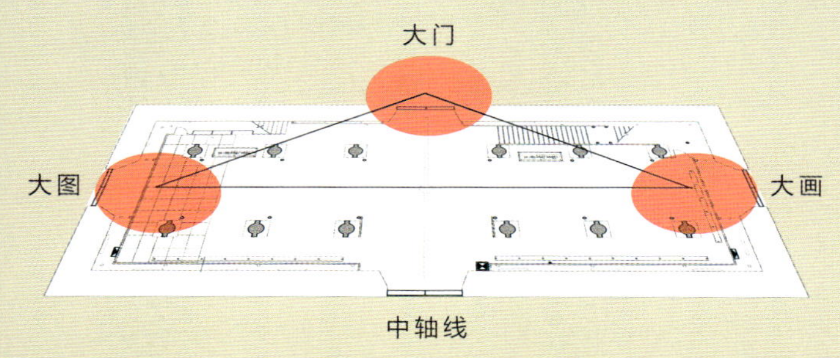

由大图、大画、大门构成的等边三角形

三、以点带面，简单清晰

好的故事结构首先应避免冗长、复杂、流水账，简单的结构才能让人印象深刻。陈列大纲提出三个亮点，《乾隆京城全图》的“大”、《乾隆南巡图》的“长”、正阳门处于中轴线上的“正”，已经具备了一个值得关注、简单好看的“故事种子”应有的鲜明特征，我们要做的就是催生它在观众心目中生根、发芽，成为传播正阳门故事的起点。

经过分析和探讨，正阳门的观众群大部分是为来京旅游的游客，他们行色匆匆，对展览内容往往是一带而过，更关心的是在哪儿能拍照留念，因此结构简单、重点突出、夺人眼球的环境设计更容易获得他们的青睐！“折叠起来的记忆”利用顶、地空间铺张地展开的《乾隆京城全图》高 14.144 米，宽 13.504 米的真实体量；“画在纸上的纪录片”让今天的观众像当年的皇帝检阅臣子敬献一样地展卷而释，欣赏《乾隆南巡图》纵 68.6 厘米，横 1988.6 厘米的 1:1 的尺度，都是寻常观众难以想象，更没有见过的壮观场景，“原大”的展示理念促成了观众在“真实”中和历史相遇。

没有光我们什么都看不见，而过度的光又会因刺眼而产生视觉疲劳。通过观察正阳门的光环境，我们发现无论从哪个方向进入展厅，最显眼的就是透过建筑南北门的自然光，它非常强势、非常粗暴地砸向地面，投射出光斑，而且早晚晨昏还在移动……这在任何一个设计师眼里都是个需要屏蔽的问题。但当我们发现透过门的光是投递一座门的形象时，则确立了“光”正应该是正阳门故事开始的地方！配合门口的光，中轴线两侧的亮点也都采用灯箱照明，平衡展厅内的光比。不好用的光在这里成为了提示“故事种子”存在的媒介，自然地荣升为“展示亮点”。

站在心点环顾四周，在西侧是扑面而来、很有张力、四面展开的《乾隆京城全图》告诉你“过去的世界”和“今天的世界”在现代制图法下的统一和重合；向东边看时是细长的《乾隆南巡图》将一段过往，一段历史娓娓道来……

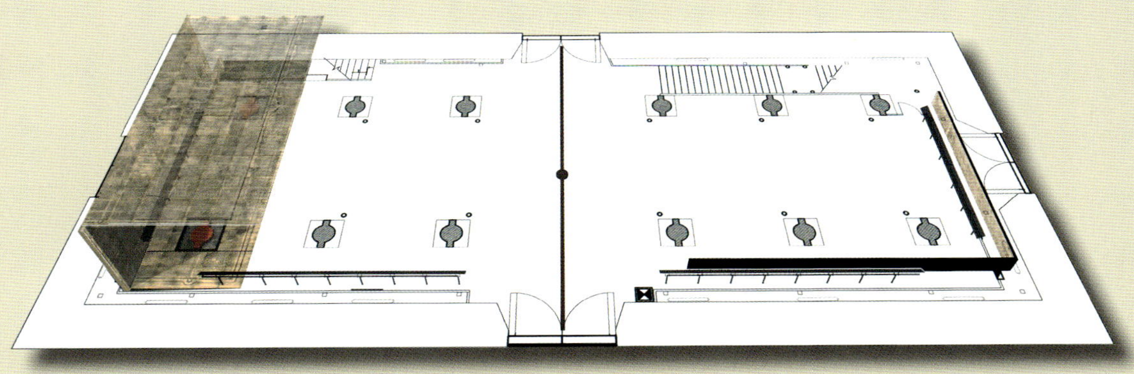

配重均匀的“亮点分布”

展厅的北入口和铸铜中轴线

“折叠起来的记忆”
——《乾隆京城全图》的展示

“画在纸上的纪录片”
——《乾隆南巡图》的展示

回形结构核心
——二层天井大事记

“听书听扣、听戏听轴”，想要让人记住一个故事，首先要迷住你的听众！通过第一印象的震撼，用简单突出的形式抓住观众的视线，产生不可思议的体验，才能让观众记住这个展厅讲的是什么，进而达成“有关注才会有传播”的设计意图。

四、聚沙成塔，层次丰富

陈列语言的组织是博物馆审美的主要对象，也是博物馆结构美学的重要构成。创造一定的层次结构，按展示物的内涵及其审美特性组合起来，就产生了陈列的结构韵律。正像好的故事结构是在细节中给人以启示和感动一样，一个好的陈列更应关注自己的观点和意图如何通过丰富的层次细节、节奏韵律来渗透和传播。

展览起伏的结构

(一)形成起伏节奏

通常对于一个不好的故事或平庸的陈列，会用平淡无奇来形容。因此，在版式设计中我们没有将图片按传统的“豆腐块”排布，而是分析它们的时间先后和重要程度，将正阳门最早的照片放在下层，累世更替的照片叠加在上头，正阳门的主体建筑放大，附属建筑缩小……仿佛讲故事时要注意语气的抑扬顿挫、轻重缓急一样安排出视觉的节奏和顺序，也用经过编辑的井然的博物馆秩序替代了罗列的平淡，为观众梳理出了参观的层次。

用漫画表现正阳门大事记，适合低龄和悠哉型的观众走马观花

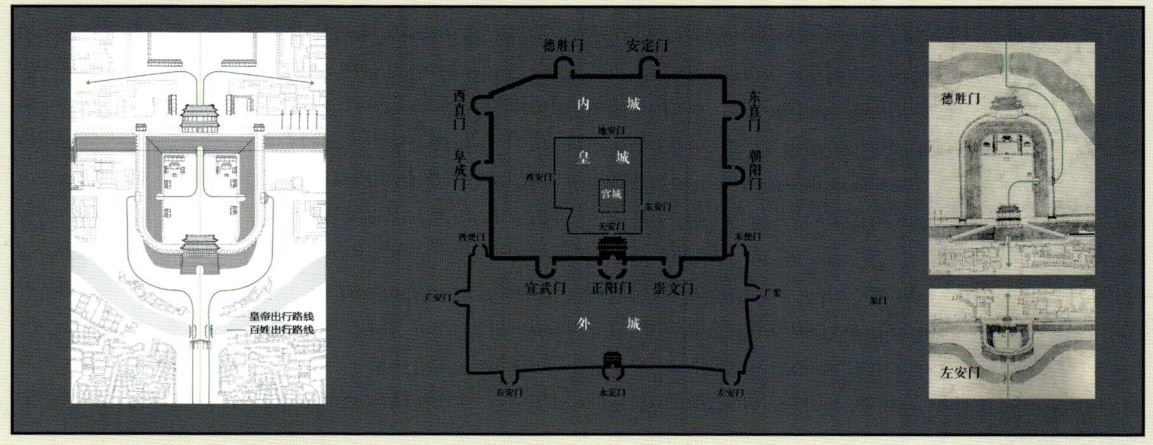

用标注提示古代进出城路线，适合细心探究型的观众

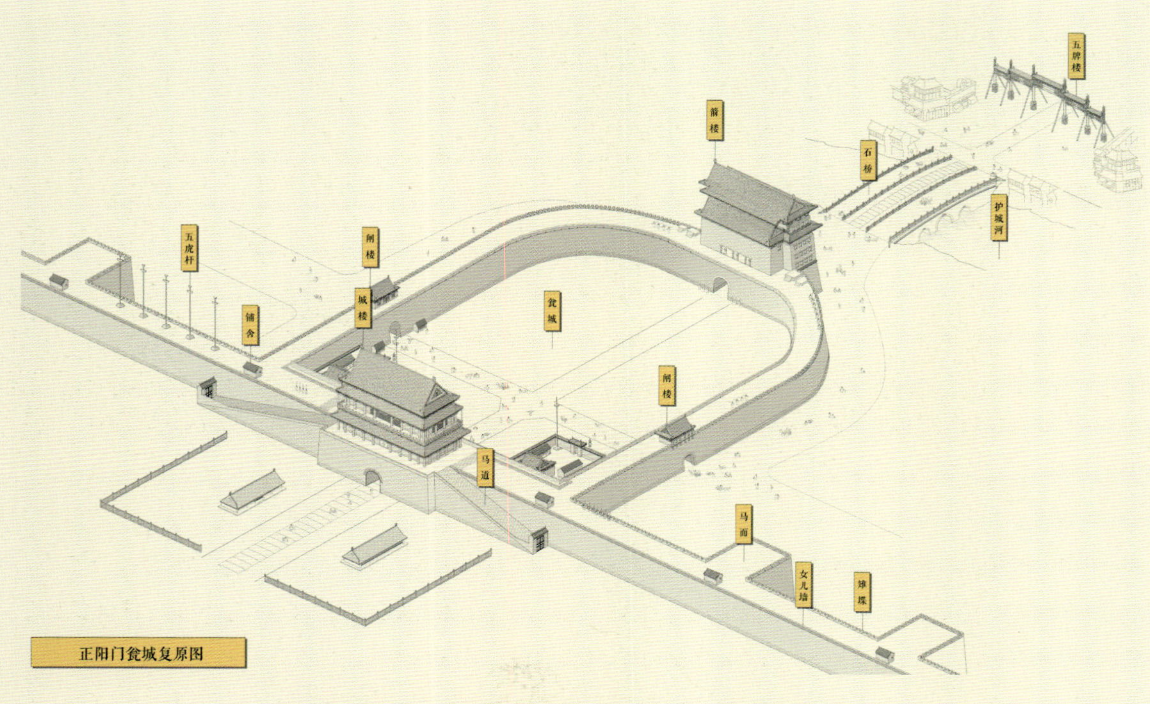

正等轴测图体现博物馆学术的严谨，适合学者专家型的观众

（二）选择不同的“语气”

讲故事如果没找对听众，那么交流将无法很好地进行！针对不同层次的观众结构，必须用不同的方式说话才能赢得注意。对于陈列中的正阳门故事，我们分别采取戏说（漫画）、正说（说明图）、严谨理性数据（白描图）等方法，让观众爱上阅读。虽然采用不同的手法，但核心和目的是一致的——就是请“历史说话”来配合彰显博物馆的学术功底。在管理处业务人员的指点下，我们所有创作和表现都有考据、有出处，并经过了严格的推敲。

（三）用解读带延展内容

信息不经过加工、解读不会产生任何意义。像《乾隆南巡图》作为一个“故事种子”之所以重要，是因为它当中隐含着许多“话不说不明、理不讲不透”的故事，为此我们采用解读带对应

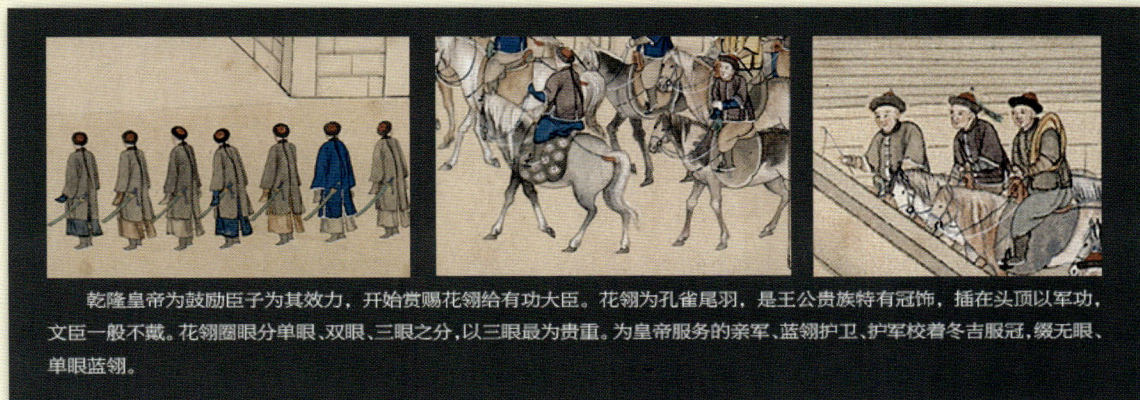

乾隆皇帝为鼓励臣子为其效力，开始赏赐花翎给有功大臣。花翎为孔雀尾羽，是王公贵族特有冠饰，插在头顶以军功，文臣一般不戴。花翎圈眼分单眼、双眼、三眼之分，以三眼最为贵重。为皇帝服务的亲军、蓝翎护卫、护军校着冬吉服冠，缀无眼、单眼蓝翎。

解读带点对点的呈现《乾隆南巡图》中隐含的故事

的方式，将属于专业领域的知识和研究过程推向公共教育领域。在这里观众可以像专家一样从人物服饰、店铺的装潢、器物的陈设、图案的寓意等方面来探索图片背后隐藏的故事，设计的精髓在于让观众通过清晰地解读结构，将“画”里鲜为人知的故事搬到了“画”外。

在《巍巍正阳——北京正阳门历史文化展》的设计中我们力图尝试：博物馆的陈列可以围绕几件重要文物来做结构型的展示。这样不但突出了展示重点，还可以加深观众对展览文物的印象；中轴贯穿、左右对称的均衡结构达成的自然、安定、均匀、协调、典雅、庄重源于观众内心普遍认同的朴素美感，可以使众多市民找到与古人“隔时共居”与今人“同时共居”的历史造型物和时间参照点，由此增加爱家乡的共同理由和尊敬；任何时候“干净、具有客观性及容易阅读和理解”的简单结构都是能让我们的展览又好看又实用的设计方式；观众只有通过参观，轻松地理解结构时才会获得愉悦感。只有他对内容设计和环境设计能够理解的时候，才会把别人的故事变成自己能够讲述的故事，也会更愿意把这个故事再次讲给别人听……

在这里人们共同的记忆闸门将被开启，消失了的城市成长足迹通过陈列穿过历史的云烟，清晰地浮现在我们眼前；梳理城市的过去与现在文脉的共同场域，历史在这里凝固，记忆在这里存储，未来的传承责任也在这里起航。

保护好古建筑　更好地实现博物馆的职能

——论《巍巍正阳——北京正阳门历史文化展》中的展览与服务

李　晴

北京市正阳门管理处

《巍巍正阳——北京正阳门历史文化展》经过近三年的精心筹备，于在 2013 年 10 月进行改陈施工，期间经过十余次的专家论证，四十余次的大纲修改和无数次的图片查找与史实考证，目前已成功向社会推出。作为改陈工作的业务负责人之一，我参与了形式与内容设计及布展的完整过程，感触良多。在新展览对社会公众开放之际，我将自己在正阳门这样一座拥有近 600 年历史的独特的古代城门中设计展览的体会记录于笔端，与大家一起分享。

一、古建筑正阳门中的展览

正阳门的前身丽正门始建于元代大都城的建立，是元大都城墙的正南门，伫立于天安门广场南端的位置则是明代初年“缩北垣拓南城”的结果。明初，大将军徐达攻克大都城，为加强都城的防守，将大都城的北城墙从北土城一线向南缩进至今天北二环的位置，上面开辟德胜门和安定门两座城门。明永乐十九年（1421），明成祖朱棣迁都北京，改建北京城，因城内空间狭小又拓展南部，将丽正门所在的南城墙向南移一公里，即从今天长安街一线挪至前三门所在的位置。这样算来，其城基砖石部分已有 600 年的历史。如今城基之上的城楼主体部分是历经清末八国联军的战火而彻底毁坏后，又重新修造之后的成果。其建筑为重檐歇山结构，南、北两侧各开一座 11.5 米高的大门，东、西两侧亦各开有大门一座。1988 年，正阳门被列为全国重点文物保护单位，城台之上的城楼就是我们如今办展览的场所。

2007年，《国际博物馆协会修订章程》规定："博物馆是一个为社会及其发展服务的、向公众开放的非营利性常设机构，为研究、教育、欣赏的目的征集、保护、研究、传播并展出人类及人类环境的物质及非物质遗产。"就正阳门来说，保护好古建筑，做好展览即是实现博物馆职能最有效的方法。如前所述，作为具有博物馆性质的文物保护单位，正阳门的展览场所既不同于新建博物馆宽敞明亮的展厅，又不同于在一般古建筑类博物馆高大的正殿，正阳门目前的四层展厅中，除了第四层是城楼原有古建筑中的第二层外，城楼原来的第一层中增设附加层，变成了现在的一层、二层、三层，这其中的一层和二层建筑空间就是固定陈列的展示场所。在这样的展厅中做展览，我们首先要考虑的是保护好城楼古建筑和确保参观游客的安全。正阳门是全国重点文物保护单位，古建筑本身就是我们的展品，而城楼内的墙体作为古建筑的一部分也同样是珍贵的展品，为了不伤害古建筑墙体，任何展览都不能在原来的墙体上"生根发芽"，所有的展板、展品均展示在贴近展墙所做的展架上，即在原有的墙体内新盖一层展墙，然后在新做的展墙上进行展览展示（图1）。同时，这层新展墙不能太厚，否则会占用本不宽裕的参观空间（图2），当然，新展墙设计还必须要适合城楼的整体建筑环境和文化氛围。

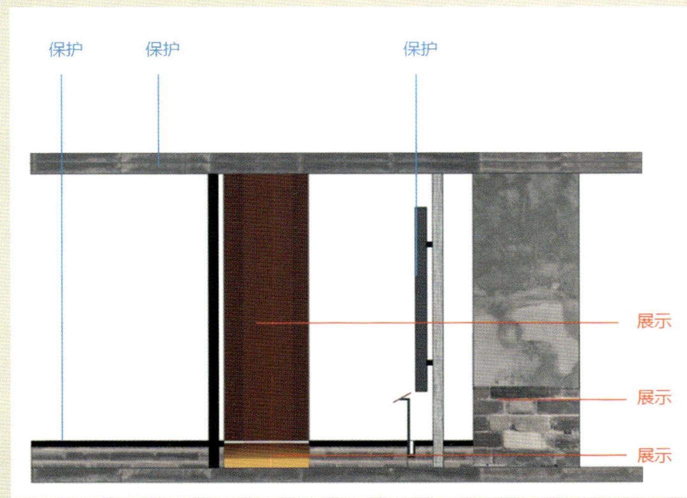

图1　展墙展板的设计结构侧面图

图2　展板前的通道

照明是影响展览效果最重要的因素之一，在自然光的照明方式受到越来越多推崇的今天，我们的展览却不能实现用自然光的照明。一方面，古建筑的特点使得自然光不能从房顶照射进来，达不到增加展厅亮度的目的；另一方面，正阳门城楼展厅只有一层设有南北对开的两扇大门（图 3），而放置展板的一层展厅东、西两侧以及二层展厅都没有光亮的来源，总体上看，展厅内光线非常暗。所以此次展览中，经过多方面的考虑，我们最终采用超薄灯箱来展示展览中的两个重点——《乾隆南巡图》（第一卷启跸京师）和《乾隆京城全图》中的重点部分，而不同亮度的射灯被采用来实现其他展板照明和二层展厅照明的功能，这样既在展览中突出了重点，也让展厅的整体亮度与古建筑的环境相符合。（图 4）

图 3　一层展厅北侧的大门

二、《巍巍正阳——北京正阳门历史文化展》

基本陈列《巍巍正阳——北京正阳门历史文化展》共分为四个单元：分别是“重钥固京师”“国门彰礼仪”“沧桑六百年”和“市井大前门”，分别从正阳门的建筑规制、军事功能、礼仪之门的作用、对正阳门的管理、600 年间正阳门的历史以及大前门在百姓生活中曾经的作用和印迹等方面展开，讲述了一个关于正阳门的丰富多彩的故事。

在正阳门城楼两层共 800 平方米展厅的展览中，《乾隆南巡图》（第一卷启跸京师）和《乾隆京城全图》两个核心展示：

图 4　超薄灯箱展示的《乾隆南巡图》之启跸京师卷

《乾隆京城全图》又称《清内务府藏京城全图》，是北京第一幅完整的大比例尺内、外城区实测地图，也是了解清代北京城市面貌的最权威、最形象的资料。由海望、郎士宁、沈源等绘，一说完成于清乾隆十五年（1750）。全图以写真的手法显示主要建筑物的立面形状，其中内、外城的形状、城墙和城门的构筑细节，以及大小街巷、胡同的分布，均清晰可见；宫殿、园囿、庙坛、府第、衙署以及钟楼、鼓楼、仓廒、贡院等主要建筑的平面形制，均出于实测；民居、宅院、房舍等也有表示，正阳门坐落在老北京城内、外城的交界处在全图中清晰展示，深入观察，可见正阳门及其附属建筑不同于内、外城其他城门，无论在建筑规制还是作用上，正阳门都有其独特之处。

《乾隆南巡图》由宫廷画师徐扬主持绘制，第一卷启跸京师描绘了乾隆十六年（1751）第一次南巡江浙的过程中，乾隆皇帝与太后自乾清宫起銮后，出正阳门，过宣武门，出广安门，过宛平县拱极城，至卢沟桥，再过长辛店前往良乡黄辛庄行宫的情景。图中乾隆皇帝仪仗经过正阳门的威仪充分诠释了正阳门不同于一般的城门而拥有的礼仪之门的作用。

核心展示集中表现了关于正阳门的三方面的内容：第一，正阳门这座建筑是军事作用与礼仪作用的结合点，坐落在京师“凸”字形格局的中心，是明清两代北京城市的规划和建筑排布建设、发展变迁的过程中，逐步从外城的无序走向内城的有序的分界点，是普通百姓和官员上班、举子进京赶考、官员觐圣、各族首领及外国使者进京一窥天颜的帝都之门，显赫的地理位置使得正阳门当之无愧地成为“国门”。第二，明清时期的北京，从山西、陕西及江南至北京的古道会聚于卢沟桥，由此再经广安门入城，离内城最近的路径就是走前门大街。再者，六部等中央机构集中分布在前门与天安门之间，为办事便利，许多官员、士人、商人选择在前门外居住。正阳门外的会馆为外省进京人员提供食宿，科举考试时更是集中了大批应试的举子。人口与物资的大量流动，奠定了正阳门“京师南大门”的重要地位。第三，清政府入主北京，将内城（位置偏北的北城）居民强行驱往外城（位置偏南的南城），腾出内城空间安置随满洲皇帝入关的数十万旗人。自此正阳门外的商业逐步兴盛起来。正阳门的“五方杂处、四面通达”注定了这里成为北京文化最集中的地方。

在展览形式上，这两幅图的展示也是亮点。展示《乾隆京城全图》，我们主要运用了三种方法。

1. 与设计充分沟通，以原图等大的形式展览。拼合后全图高 14.144 米，宽 13.504 米，受展厅高度的限制，我们采用“U”形的展示方式，并把正阳门所在的位置放到正面展墙上，营造震撼观众的氛围和效果。（图 5）

2. 重点建筑和区域用超薄灯箱加亮展示，整体灯光的亮度与古建筑氛围和谐统一。全图中存在至今的建筑、街巷、区域用红字重点标出，正阳门用加大的字体突出，增进展品与观众的距离。

3. 在展示的全图前左、右两侧，安放两台大屏幕显示器，为全图局部放大，观众可以通过叠加乾隆时期的地图与今天的地图，对比出感兴趣区域的古今变化，加强观众的参与性。

《乾隆南巡图》之启跸京师卷的展示方式也是三种。

1. 用超薄灯箱以原图大小展示纵 68.6 厘米，横 1988.6 厘米的图卷原貌。

2. 展墙下面另外设置 1.2 米高的解读带，展示放大了的局部图面，同时增加相关知识，配合展墙主展板的展示，丰富展览内容。

3. 在超薄灯箱展示的同时，开展之前，我们几经周折，最终请相关公司设计制作出“动起来的《乾隆南巡图》”，用 80 寸的液晶动态视频画面与灯箱展示的画卷配合展出。一方面使展览更加生动，另一方面希望通过视觉的刺激和色彩的变换让观众记住更多的信息。

图 5　展厅中《乾隆京城全图》的展览方式

除了核心内容和展示亮点，互动项目的设计也是现代展览中必不可少的组成部分。作为固定陈列的《巍巍正阳——北京正阳门历史文化展》展览，很难像自然博物馆、科技类展览馆那样拥有丰富的互动环节，但是在此次改陈中，我们运用了三个与古建筑环境协调的观众互动项目，让观众更多地参与到展览之中。第一个是请观众动手播放老收音机中的《提倡购制国货歌》，这种方式虽然并不新颖，但是非常适合“正阳门作为国货陈列馆”的展览内容所发生的年代；第二个是用聚音罩的方式播放展览中的歌曲，这样不仅增加了观众的参与度，也在不宽敞的展示空间内避免了多处声音的重叠。第三个是在二层展厅

图 6.1　城楼展厅的天井

图 6.2　加装了玻璃挡板和扶手后的天井

隔出一个小区域设立飞游中轴线互动体验项目，让观众从一个全新的角度了解北京城的中轴线，这个小区域一方面弥补了场地空间不规整、不适合做展板的缺陷，另一方面也丰富了展览中互动的内容。

三、探索为观众提供更好的服务

古建筑最初设计建造的用途并非是为了做博物馆，因此在其中举办展览必然不像一般的博物馆那样拥有便于观众参观的场馆环境，正阳门城楼这座古建筑更是如此。因此，我们不断地探索如何在保护好古建筑的同时，更好地服务观众。

天井的装饰设计体现了我们为更好地服务观众所进行的思考。二层、三层展厅是古建筑中的附加层，本身并无与室外流通空气的通道，考虑到观众参观的需要，每层都留了长 7 米、宽 5 米的抹角长方形天井，以便空气流通。（图 6.1）这次改陈中，我们希望能够将古建筑原本的面貌展示给观众，因此改变了原来扶手加保护网的防护措施设计，这同时解决了游客向防护网上投掷水瓶和废弃物的环境卫生问题，而游客的安全怎样得到保护呢？经过广泛征求意见和专家论证，我们最终采用 1.8 米高的玻璃隔挡，上面用丝网印的方式补充展览中没有的内容，玻璃隔挡内加装 1.2 米高的扶手增加安全系数，较一般扶手稍高的设计也避免了观众将婴幼儿放在上面。（图 6.2）

同样，由于展厅的封闭性差，冬冷夏热是我们一直面临的问题，利用这次闭馆改陈的契机，管理处更换了展厅内的暖气，拆除了原来将暖气全部包住的展板墙，采用了相对开放的展墙设计，遮挡暖气片的挡板也留出了散热孔，可以改善冬天展厅温度低的问题。（图 7.1、7.2）

在避风阁的设计上我们也颇费心思，通过多次讨论才形成了最终的方案。避风阁放置在城楼展厅的南面平台上，新的设计颇具特色：首先是避风阁的形状设计改变了原有普通正方体的形式，从正面看是个“凸”字形，一方面与老北京城的“凸”字形呼应，另一方面降低了两肩的高度，观众在城门下仰望或照相的时候，看到的是与展厅大门等体量的门，最忠实地还原大门本来的样子。（图 8）其次是避风阁的顶端采用了 30 度角斜坡的设计，（图 9）利用北京地区风大的自然气候特点，让风吹掉部分落在顶部的尘土，减少了工作人员清理的难度。第三，避风阁的正门采用对开的设计，这样的设计不仅能发挥传统避风阁抵御冬天凛冽北风的作用，还增加了夏天通风的功能。即在炎热的夏天可以实现最大程度的通风效果，缓解古建筑展厅不能安装空调降温的问题。

对特殊群体的照顾也属于这类问题，古建筑的门槛一般都很高，正阳门展厅的门槛高 0.35 米，对于小朋友、腿脚不方便的人来说存在一定的危险，因此在不破坏古建筑原有形制的前提下，我们选择垫高了展厅内地面高度的设计，将门槛的高度变为 0.13 米，方便观众进出展厅，又确保了特殊参观群众不被门槛绊倒。（图 10.1、10.2）

图 7.1　展墙、暖气挡板

四、实现博物馆的职能保护好古建筑

正阳门承载了 600 年的风雨沧桑，见证了明清以来北京发生的许多重大历史事件，是全国重点文物保护单位，同其他所有的古建筑一样拥有重要的历史和文化价值，具有不可再生性，因此对正阳门的保护工作非常重要。党和政府高度重视正阳门的保护工作，多次拨款对正阳门城楼、箭楼进行修缮，并安装了完备的消防设施。1990 年和 1991 年，正阳门箭楼、城楼先后对社会公众开放。20 多年来，正阳门陆续推出各类展览近百项，出版图书，积极探索社会教育的活动。尽管如此，对于如何保护好古建筑并实现博物馆的职能，我们仍然有很多值得探索的方向。

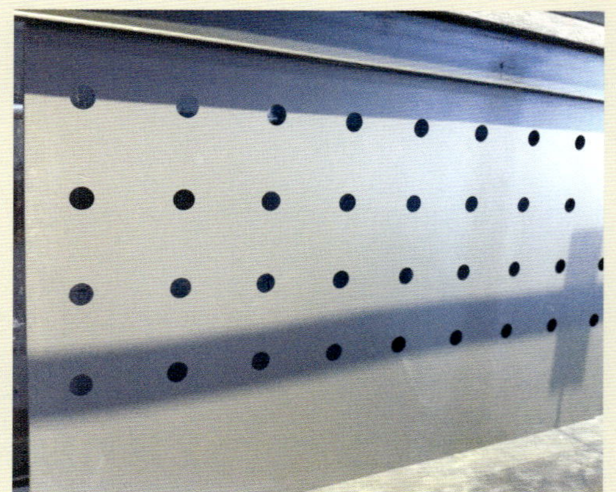

图 7.2　设计了散热孔的暖气挡板

图 8　避风阁正面

图 10.1　垫高展厅地面前的门槛

图 9　避风阁顶部 30 度角倾斜设计

图 10.2　垫高展厅地面后的门槛

正阳门古建筑特殊的场馆条件不能安装电梯，按照现在的做法是用人力将特殊观众抬上城楼送进展厅。将来可以探索使用目前北京地铁的无障碍自动升降机设计，至少能缓解台基部分的无障碍升降问题。

城楼展厅内目前不能安装空调，要解决室内冬天比较冷、夏天比较热的问题，只能通过加装棉门帘等方法阻挡北京冬天的冷风，通过最大程度地打开避风阁实现夏天展厅通风。而以什么样的方式解决室内温度的问题，以使得观众在更舒适的环境里参观是我们今后需要继续探索的另一个问题。

相对于硬件设施的改造，服务人员的选择与培训更具有挑战性。因为多方面的原因，目前管理处公共服务区域，特别是展厅内、平台上的服务人员大多是曾经或者至今还住在前门附近，熟悉前门的周边环境，了解一些前门地区的历史与文化的师傅们。这些服务人员不同于一般博物馆的服务员和讲解员，他们在年龄、气质、形象和服务意识上都稍显逊色，因此加强服务意识和专业知识的培训就变得尤为重要。在目前的情况下，进行内容丰富有效的培训，积极调动他们的热情才能实现更好地服务观众、保证安全的目标。

保护好古建筑其实不仅仅是保护一座建筑本身，无论是过去、现在，还是将来，正阳门这座古建筑始终是与周边的环境紧密地结合在一起的，它所代表的不仅是正阳门的历史，还有前门地区的文化。今后开展相关业务工作，实现博物馆的职能也不能仅局限在保护正阳门城楼、箭楼建筑，不能仅局限在有限的场馆空间之内，还要注重与前门社区、前门大街管理委员会的沟通与合作，注重附着在古建筑上文化以及古建筑衍生文化的保护。通过更广泛地挖掘史料并进行领域的研究，进而开展文化讲座，将研究内容传播出来。不仅是对前门地区文化的保护和宣传，还可以解决正阳门场地有限，不适宜开展大型文化活动的问题。

诚然，尽管我们在这次改陈工作中，就如何保护好正阳门这座拥有 600 年历史的古建筑，并且在这座古建筑中做好展览，改善参观环境，更好地为观众服务等问题做出了积极地探索和尝试，但是与兄弟博物馆相比，我们还存在差距。作为中小型博物馆和文物保护单位，最重要的是做出自己的特色。因此，唯有不断地学习和探索，真正将古建筑保护与利用作为事业，才能更好地满足观众的参观需求，更好地服务观众。

《巍巍正阳——北京正阳门历史文化展》中的亮点

李少华
北京市正阳门管理处

2006 年，北京市正阳门管理处在正阳门城楼上举办了基本陈列《正阳门历史文化展》。2014 年，我们完成了改陈，推出了全新的《巍巍正阳——北京正阳门历史文化展》。虽然都是讲述正阳门的历史文化，但与八年前相比，本次展览无论在展览内容的深挖还是在展陈形式的设计，又或者在高科技的利用以及互动体验项目的开发上都有很大的创新。本篇文章更多的从宏观角度，总体阐述了本次改陈工作中的创新和亮点，期望能为观众更好地理解展览、融入展览提供帮助。

2006 年，我从学校毕业，到正阳门工作，巧遇当时《正阳门历史文化展》改陈筹备。作为刚毕业的学生，虽然不能承担撰写大纲的艰巨任务，但我发挥专业优势查阅了大量有关正阳门的历史资料，大部分资料都是第一次面世并用于展览当中。展览后期的细节制作、校对工作、讲解词的撰写、英文翻译等一系列工作的锻炼，使刚参加工作就能参与固定陈列改陈工作的我受益匪浅。

2013 年，全新的《巍巍正阳——北京正阳门历史文化展》开始展览改陈。此时，虽然我已调离业务部的工作岗位，但作为一名业务出身且没有间断业务学习的博物馆工作者，我有幸参与了这次展览大部分的内容和形式设计工作。从一遍遍修改大纲，到一步步讨论形式设计的细节，每一次业务会、专家会，我都从烦琐的行政性工作中挤出时间参加，尽可能参与到改陈的具体工作当中。此次改陈工作对我而言，是一份“课外作业”，在承担改陈中部分具体工作的同时，我也不能耽误办公室的日常工作，所以，我要付出比业务人员更多的时间来查找资料、针对展览提出合理的意见和建议。虽然工作量增加了很多，工作很辛苦，但感觉非常值得。新的展览经过全体业务人员的共同努力，有看点、有亮点。就我自己参与本次改陈工作的体会，以下亮点值得推荐。

一、创新的形式设计

1.“远看历史，近看史实”的整体设计风格

本次改陈的一大亮点就是突破展墙刷白和一排排展柜的装饰框架，以观众的参观需求为立足点，满足观众希望在展览中看到城墙内部的想法，以“远看历史、近看史实”的理念打造展览；扬长避短，突出古建筑中的展览优势，用艺术的手法把展墙变成一块块的城砖，契合城门城墙的特色，让观众感觉展览以古城墙为依托和背景，既有时间的沧桑感又有历史的厚重感，使参观者一进展厅就能被别开生面的设计风格所吸引。

图 1　展厅施工一角，可以看出展墙的样子

2. 历史事件部分的“时间带”设计

本次展览没有像上次展览那样整个结构按时间顺序排列，这样在讲述正阳门的故事时，形式更灵活、主题更突出。但是仍有必要对正阳门的历史做从头到尾的完整介绍。这就是展览的第三部分“沧桑六百年”，采用了时间带的设计手段。观众观看此部分内容的时候，首先会被展线中间的一条贯穿整面展墙的阿拉伯数字纪年的时间带抓住眼球，在时间带的上下分布着不同时期与正阳门有关的历史事件。观众的时间充裕，可以细细品味每段历史时期的不同故事；时间有限则可以快速扫描时间带大致了解正阳门历史上发生过的大事。这样的设计对不同参观群体都有所照顾，整体形式既清晰明了又简洁大方。

3.“接地气”的大事记展示方法

在展览的整个形式设计中，对于展厅天井的设计，此次考虑得也比较周全。天井设计要求比较高，既要保证夹层的通风，又要美观大方；既要保证游客的安全，又得能对展览展示起到一定的作用。考虑到这些因素，我们对天井的处理是在展厅二层天井的四周设计了高 180 厘米的透明玻璃，并在玻璃上记录正阳门历史上的大事。180 厘米的高度既能保证通风的要求，又能有效防止游客攀爬或是投递杂物。天井设计好了，但玻璃上很空，怎么办？在这上面我们考虑了有意思的展示内容！业务人员采用网上流行的“一字历史”模式，如

图 2　展墙下面的解读带

"我建""我拆"等极其精练的词，以皇帝的口气，高度概括明清时期近 30 位皇帝的主要特点及他们与正阳门的关系，旁边再配上卡通的皇帝形象，以及简洁的介绍文字。这种展示方式既保证展览中天井的实用、安全、美观，又接地气，应该能得到观众，特别是青少年朋友的喜欢和认可。

4. 细致入微的解读带设计

解读带主要是告诉观众一些参观中的细节内容。在古建展览中能从观众的参观心理角度考虑，加入解读带这一内容，我们的展览应该是第一家。你可知道"前门和正阳门有什么关系吗"、你会"区分城里和城外吗"、你想知道"古人是怎么进城出城的吗"……我们在深入研究的基础上提炼出的这些知识点，也是观众最想知道的。这些内容，在其他的展览中估计都得通过讲解才能得知，在我们这里参观，您只要留心解读带，都能了解。喜欢自己细细观看展览的观众、听不到讲解的观众，肯定会喜欢上我们的解读带！

二、有新意的展览内容

本次改陈的第二个亮点是展览内容上的两个重要创新：一个是 1:1 原大的《乾隆京城全图》展示，另一个是《乾隆南巡图》的原大展示及细部解读。

1.《乾隆京城全图》点亮老北京城

《乾隆京城全图》又称《清内务府藏京城全图》，是北京第一幅完整的大比例尺内、外城区实测地图，乾隆十五年（1750）完成。该图以写真的手法显示主要建筑物的立面形状。图上北京内、外城的形状、城墙和城门的构筑细节，以及大小街巷、胡同的分布，均清晰地呈现其中；京城宫殿、园囿、庙坛、府第、衙署以及钟楼、鼓楼、仓廒、贡院等主要建筑的平面形制都由实测而来；百姓的民居、宅院、房舍等也在图中有所显示。它是当时世界上用近代方法绘画最完整的一幅京城全图，是研究北京城市发展史最为直观准确的珍贵史料。

因展厅高度有限，我们只能对这幅图采用折叠的方式进行展示，借用天花板、地板外加西面一整面墙，组成了“顶天立地”的“匸”字形模式，将此图完整呈现。天花板、墙面和地板把整幅地图分成三部分，图的上方（包括东直门、安定门、德胜门、西直门在内的北部城墙）出现在天花板上，而朝阳门、正阳门、阜成门等中部位置出现在展厅的西墙上，包括永定门等在内的外城（图的下部分）出现在地板上。为突出一些重要的建筑（如中轴线建筑群）和至今仍保存完好的文物古建筑（如孔庙、德胜门、雍和宫等）我们采用增加灯箱将此图局部点亮或加注红色文字的方式标出，以便于识别。这种展示方式虽然是受限于展厅高度的不得已之举，但布展完成后，效果却出乎意料地好，既使整个展示方式显得气势磅礴，又能使游客清楚地看到折叠到天花板上的内容。地图前面，我们还摆放了两台 46 寸的触摸屏，将《乾隆京城全图》和现代卫星影像地图对照显示。游客可以用手指滑动或点击，找到自己曾经居住过的地方或是熟悉的景点，了解 260 多年来北京城的变迁，仿佛在清朝和现代之间穿越。相信他们一定会饶有兴趣、流连忘返。

2. 详解《乾隆南巡图》之《启跸京师》

《乾隆南巡图》描绘的是乾隆十六年（1751）乾隆皇帝从北京出发，第一次南巡江浙的历史场景。全图以中国画的写实手法描绘了沿途的锦绣山河和城市乡村的世态风情，反映了 18 世纪中叶中国社会政治、经济、文化的各个方面。图卷由宫廷画师徐扬主持绘制，共 12 卷。其中第一卷《启跸京师》具体描绘了乾隆皇帝弘历奉皇太后钮祜禄氏自乾清门起銮后，出正阳门，右转沿西河沿大街西行，过宣武门前，出广宁（安）门，过宛平县拱极城，至卢沟桥，再过长新（辛）店、塔洼，前往良乡县黄新庄行宫的盛大场面。

我们本次展览中展示的正是第一卷的内容，展示手段是制作了高 68.6 厘米、长 1988.6 厘米原图大小的超薄灯箱，在东面和南面两面墙上专题展示，这样一个巨幅画面会给观众带来极大的视觉震撼。超薄灯箱还能把画面的细节展示得淋漓尽致，纤毫毕现，游客可以近距离地观看甚至随意触摸。《乾隆南巡图》中有着丰富的信息，但是离我们现代的时代久远，上面有许多有意思的内容，如果我们不介绍，游客也很难看明白。因此，我们在原大展示的同时，在解读带上对一些精彩画面进行了详细解读。大到皇帝出巡的仪仗队（即卤簿），小到街面上的招幌、春耕的场景都有深入浅出、细致入微地解读，定能让观众觉得有意思、长知识。

三、融入现代科技的互动项目

与前次展览相比，本次展览的互动项目增加较多，从会说话的门钉到会唱歌的文字，从飞游中轴线到电子签名，这些科普互动项目的加入，搞活了展览，更能激发观众的参观兴趣。

1. 裸眼 3D 展示城门构造

裸眼 3D 也就是三维成像技术，它采用柱状透镜等技术使观看的文字或图像呈现出 3D 的影像效果。展览中“重钥固京师”部分，为了能让观众更清晰明确地了解正阳门改建前的面貌，我们使用裸眼 3D 技术制作了一段动画。动画视频假设观众站在瓮城内十字街的中心点上，通过 360 度旋转，来观看城楼、箭楼、两侧闸楼及瓮城内的建筑结构。虽然投入比较大，但是这样的展示效果远远比文字或图片都要直观、有意思。而且为了保证科学性，我们翻阅了大量的老照片，从匾额上的满文到箭窗的数量，甚至雉堞上流水口的数量和位置都进行了认真的考证。

2. “门钉会说话，文字会唱歌”

这里的“门钉会说话”，这里的“文字会唱歌”，这样的展览方式应该是挺奇妙的吧？我们此次展览中就有这些奇妙的地方。比如在展览的第四部分“市井大前门”，讲前门风俗的时候，我们按照箭楼门钉的大小，在展线上布置了三颗门钉。这些门钉不仅仅是一种实物的展示，而且承担着与观众互动的作用。通过利用红外感应技术，观众在触摸门钉的时候，可以听到清代描述正月十五妇女为求子而摸箭楼门钉的《竹枝词》声音：“女伴金箍燕尾肥，手提长袖走桥迟。前门钉子争来摸，今岁宜男定是谁”等等。这些袅袅余音定会让观众愿意更多地投入展览当中去一探究竟。

展览第三部分“沧桑六百年”中，讲到了正阳门箭楼作为“北平国货陈列馆”的历史。在这里的展板上，我们仿制了一台当时的收音机，并灌入“提倡购置国货歌”的谱子，观众走到这里只要按动收音机的按钮就能听到令人热血沸腾的曲子，懂乐谱的游客还可以看着谱子跟着轻唱。这样潜移默化的爱国主义教育很容易让游客接受。

另外，展览第四部分，我们采用阎肃老师作词、姚明老师作曲的歌曲《前门情思大碗茶》来结尾。走到这里，观众眼睛看到的是展线上整首歌曲优美的歌词，耳朵里听到的是头顶聚音罩传来的动听的歌声。这样既不会因为声音大而影响其他观众的参观，又能使游客的听觉也得到美的享受。

3. 体验飞游“中轴线”

老北京的中轴线是中国古人建筑艺术的伟大体现，对于中轴线的壮美，中国建筑大师梁思成有过这样满怀深情的描述：“一根长达八公里，全世界最长，也最伟大的南北中轴线穿过全城。北京独有的壮美秩序就由这条中轴的建立而产生；前后起伏、左右对称的体形或空间的分配都是以这中轴线为依据的；气魄之雄伟就在这个南北引申、一贯到底的规模。”

正阳门位于老北京城的南北中轴线上，此次展览我们为凸显中轴线的伟大魅丽，结合展览制作了一项飞游中轴线的互动体验项目。此项目采用当今最先进的虚拟演播室技术和自动录用合成技术。游客只需要站在蓝色的场地中，仰头注视头顶的屏幕，轻轻上下挥动手臂，高清摄像机捕捉到游客的动作，然后与事先录制好的中轴线上众多古建筑的视频进行合成，参与体验的游客就能有身临其境的感觉，仿佛一只自由的小鸟在空中翱翔，从北到南地飞越了整个中轴线，俯视壮美的北京城。这个过程耗时仅三分多钟，却能让参与者从宏观上了解中轴线，为其建筑的壮美所感叹、所折服。

图 3　互动项目《前门情思大碗茶》

图 4　飞游中轴线项目场地

4. 电子签名留言簿

本次展览改陈的一个优点是在广泛征求观众意见的基础上进行的。“做充分的观众调查为改陈铺路”，是我们此次展陈准备的一项重要工作。计划改陈的前半年，我们就针对展览的内容和形式、互动项目、标语标志等方面制定了观众调查问卷，尤其是对当前展览中的优点、缺点，以及观众期望看到的展览模式进行了重点分析。这些调查问卷是我们改陈中内容和形式设计的着眼点，也是作为博物馆观众调查的一项重要资料。

我们非常重视观众意见，把观众留言设计作为新展览的重要内容。一层的游客服务中心，我们设置有纸质的观众留言簿；在展厅的二层，我们放置有电子触摸屏式的观众留言簿。电子签名留言簿的好处在于观众除了能留下自己对展览的意见和建议之外，如果愿意还可以留下自己的大名以及最美丽的笑容，这一个个的笑脸也将会在后期制作成笑脸墙，成为我们展览的延续。

5.“你中有我，我中有你”的笑脸墙

本次展览，我们并不打算在其生命周期中一成不变，而是还要进行不断地丰富和完善。“笑脸墙”就是这样的一个项目。我们的设想是：在展览开放过程中，逐步收集观众的笑脸，等收集到一定数量、形成一定规模后，再在展厅中适当位置进行展示，并不断进行更新。观众的笑脸来源可以有三个途径：一是前面提到的电子签名留言簿上观众主动留下的笑脸；二是观众通过给我们发电子邮件的形式留下他们与大前门或北京著名古建筑的合影；三是感兴趣的观众直接将其带有笑脸的大头照送到我们的游客服务中心。今后，无论新老观众，只要本人愿意，他们的笑脸就会成为我们展览的一部分在笑脸墙上展出。这种与观众的互动模式，虽然还没有开始进行，但我们打算做这样一个尝试，希望通过这样的方式，真正做到以观众为本，让展览和观众“你中有我，我中有你”。

6. 让《乾隆南巡图》动起来

现代科技的发展让文物的展示更加精彩。2010 年上海世博会上，动起来的《清明上河图》赚足了人们的眼球。但这一技术价值不菲，任何一个小馆想在展览中增加这么一个项目都似雾里看花，可望不可即。在我们展览改陈的最初考虑中，我们有让《乾隆南巡图》动起来的设想，但实际考察后，巨额的技术费用让我们承受不起，只能忍痛放弃，采取其他的模式展示这一瑰宝。但我们一直没有放弃让《乾隆南巡图》动起来的想法，在馆长的多方打探及不懈努力下，布展后期，一家知名多媒体公司同意支持博物馆的发展，以成本价为我们开发“动态《乾隆南巡图》”。本次展览的设计制作公司承担了相关的费用。为了让来正阳门参观的观众都能一饱眼福，我们临时调整展线，更改展品位置，专门用一个 80 寸的大屏展示这部分视频。动起来的《乾隆南巡图》虽然时间不长，但给参观者却带来了强烈的视觉冲击，大大提升了展览效果。

在馆领导的亲自参与和大力指导下，展览工作虽繁重但进展有序，许多最初的设计理念最后都能在展览之中很好的体现。当然，这与全体业务人员的通力合作以及与展陈公司的配合也都密不可分。由于岗位职责所限，我没能参与改陈工作的全部内容，但以上陈述的改陈亮点却也只有真正参与到此项工作之中才能深有体会。在展览即将开幕之际，能有机会为展览图录贡献只言片语是我莫大的荣幸。希望我们的展览可以得到业界和观众的认可！

正阳门的始建与五次重建

袁学军
北京市正阳门管理处

正阳门俗称“前门”，是明、清两朝都城内城的正南门，因其位于皇城和宫城的正前方，坐落于北京城的中轴线上，使其在封建帝王时代，除具有城门的军事防御和交通往来的功能外，还兼有内向“仰拱宸居”、外向“隆示万邦”之用。因而，正阳门不仅形制较其他八门隆重，而且，内城九门中只有正阳门箭楼下设门，此门在明、清两朝只供皇帝出入。正阳门特殊的地理位置，使历朝统治者对其倍加关照。历史上虽有多次损毁，但都及时重建，以肃观瞻。

一、正阳门的始建

正阳门始建于明永乐十七年（1419）。永乐元年（1403）成祖朱棣登基后，为了抵御元代残余势力南下的骚扰掳掠，加强北方的边防力量，采纳了礼部尚书李志刚的建议，决议将都城从南京应天府（今南京市）迁到北京，随即下诏改北平为北京。从永乐四年（1406）开始营建北京的宫殿和城池。永乐十七年，“十一月甲子，拓北京南城，计二千七百余丈”。[①]这样，明北京城的南城垣，由长安街稍南一线移到了崇文门、正阳门、宣武门三门一线，元大都南城墙上的三座城门随之平行南移，名称依旧，即文明门（崇文门）、丽正门（正阳门）、顺承门（宣武门）。新筑的三座城门，只修筑了城楼，并没有修建瓮城和箭楼。

正统元年（1436），少年天子英宗朱祁镇在太皇太后张氏和杨士奇、杨荣、杨溥三位前朝贤臣的辅政下，下旨修缮京师城垣和城门。“十月辛丑，命太监阮安、都督同知沈青、少保工部尚书吴中率军夫数万人修建京师九门城楼。初，京城因元旧，永乐中虽略加改葺，然月城、楼铺之制多未备，至是始命修之。”[②]修建工程于正统四年（1439）完工，“四月丙午，修造京师门楼、城濠、桥闸完。正阳门正楼一，月城中、左、右楼各一。崇文门、宣武门、朝阳门、阜成门、东直门、西直门、安定门、德胜门八门各正楼一，月城楼一。各门外立碑（按：疑“碑”为“牌”之误）楼，城四隅立角楼。又深其濠，两涯悉甃以砖石。九门旧有木桥，今悉撤之，易以石。”③正统初年的这次修筑，使正阳门成为一处形制完备、规模宏伟的建筑群。

正阳门因其特殊的地理位置——皇城和宫城的正前方，因而，在内城九门中形制最为隆重。不仅城楼、箭楼比其他八门高大，瓮城也与之不同，九门中唯有正阳门瓮城东、西两侧各开一门，门上建有谯楼（又称闸楼）。其余各门瓮城只开一门，建闸楼一座。而且，九门中只有正阳门箭楼下开辟券门，并设置了双重大门，一重为普通的对开大门，另一重则是古代用于军事防御的铁皮包杉木的闸门，亦称“千斤闸”。但此门平日不开，只有皇帝过往时才开启。另外，正阳门外护城河上的石桥也比其他八门多两座，为并排三座，中间一座只供龙车凤辇通行。正阳门建成后，明、清两朝虽有多次修建，但方位和形制基本没有改变。

二、正阳门的五次火毁与重建

正阳门自正统初年至清末，前后四百七十余年间，因兵燹或失火曾多次遭到不同程度的毁坏，历经多次重建。正阳门火毁与重建见于史籍的有五次。

正阳门的第一次火毁与重建，是在明万历三十八年（1610)。《明史》卷二九《五行志》中对这次火毁的记载非常简单：（万历）“三十八年四月丁丑夜，正阳门箭楼火”。由此可知，火灾发生在夜间，而且仅殃及箭楼。箭楼被毁后，朝廷立即拟议修复。明代，京师城垣的管理执掌于内官（太监）手中，万历一朝，政治腐败，主持修复工程的太监们为了达到中饱私囊的目的，提出修复箭楼需要白银 13 万两。但当时负责营造工程的工部官员营缮司郎中陈嘉言为官清廉正直，坚持缩减开支，最终只花了 3 万两银子便完成箭楼的修复工程，结果陈嘉言被太监们排斥出局。从修缮耗资的情况看，这次箭楼火毁应该不是很严重。

正阳门的第二次火毁与重建，是在明末清初。崇祯十七年（1644）四月二十九日晚，农民起义军首领李自成在率部撤离北京时，放火焚毁宫殿及内城九门门楼。《明记》《明史》《明史纪事本末》及《国榷》等史书均有记载。其中《国榷》记载较为详细："四月丁亥昧爽。李自成出齐化门西走。刘宗敏李友等次之。以万骑为殿。先运薪木积于内殿。纵火发炮。击毁诸宫殿。通夕火光烛天。须臾，九门雉楼皆火发。城外草场并燃，与宫中火光相映。太庙武英殿门仅存。"[④]由此可知，这次火毁的也是箭楼。关于箭楼这次被毁后重建的具体情况，目前未见文献记载，难以确指，但文献有清顺治皇帝进入北京后，曾对明宫殿进行修缮的记载，推测正阳门及其八门的修缮，也应同时进行。

正阳门的第三次火毁与重建，是在清乾隆年间。乾隆四十五年（1780）五月十一日，正阳门外的一铺面房不慎失火，恰遇大风，火借风势，火势迅速蔓延，最终殃及正阳门箭楼，同时还烧毁了东、西月墙，官房，铺面房等。火灾发生后，内务大臣和珅深知正阳门的重要性——皇帝南巡和每年郊祀都要经过正阳门，所以火灾发生后立即与大学士英廉联名上奏重修箭楼。乾隆皇帝接到奏折后立即批准，并任命和珅为修复工程总管大臣，英廉为工程总督办。

此次正阳门箭楼的修复工程浩大，耗资巨大。关于这次修缮情况，中国第一历史档案馆馆藏的清总管内务府乾隆朝奏销档记录得较为详细。修缮项目包括重新修筑箭楼、补换千斤闸，粘补城门两扇、重修东闸楼、补换灯杆五根、补建正阳桥六柱、五牌楼一座、粘补正阳桥。城楼和西闸楼，当时虽没有被毁坏，但也进行了部分修缮，更换了城楼及西闸楼部分瓦件。墙垣下部铲磨、上部提浆、清理旧墙地基，重做彩画等。

这次大规模的重建和修缮，自当年的八月中旬开始，至十一月底竣工。"工程用工二十四万九千七百七十五个，工料用银四万二千三百七十六两八钱五厘，工价用银二万八千九百三十六两三钱九厘。合计耗资七万一千三百十三两一钱一分四厘。"[⑤]

尽管这次修缮工程耗资巨大，但还是出现了工程质量问题。由于在施工过程中没有按照乾隆皇帝的旨意重新修筑地基，而是使用了原有的地基，致使旧城门瓮券券顶出现裂缝；南面新做的箭窗墙体自二层檐以下向外撑臌；城门以西的旧城墙上也有臌出；楼内地面有裂缝。

出现了工程质量问题，令负责督工的和珅和英廉深感不安，他们知道正阳门箭楼之门每年皇帝数次从此经过，关系重大。为此，英廉于十二月二十七日将新建的箭楼出现闪裂和撑臌情形上奏乾隆皇帝，并请求严加治罪，提出重修所需银两自行赔付。[⑥]同时，和珅也上奏乾隆皇帝："窃查正阳门箭楼工程，虽系英廉在京督办，但奴才和珅系总理，工程所有兴修估计，俱奴才与英廉联衔具奏。今奴才等未能悉心妥筹，督率办理，致有此失。现在英廉奏请赔修，并请治罪，奴才若置身事外，实觉惭悚难安。应请旨将奴才交内务府议处，所有重修之项，并恳圣恩准奴才与英廉及该监督等，分别赔出，以为玩忽者戒。”⑦

最终，乾隆皇帝的谕旨是：“所有此次重修之项，准其开销一半，其余一半，着英廉赔十分之七，监督等赔十分之三。”同时，“承办该工监督郎中德龄、员外郎喜顺、长兴，均予革职留任”，英廉降三级留任。和珅因“彼时随从热河，并未要工督办”而免于罪责。⑧

正阳门的第四次火毁与重建发生在清道光年间，也是因为火灾箭楼被毁。据《清实录》道光二十九年（1849）十一月二十九日记载：“正阳门箭楼灾”；及道光二十九年十二月初三日记载：“谕内阁：正阳门箭楼不戒于火，明年修复方位不宜。著派内务府大臣，迅速确实堪估兴修，并著于立春以前赶紧开工。其动用何项钱粮，著内务大臣届期请旨。”事实上，奉诏于道光三十年（1850）春开工的正阳门箭楼复建工程进行起来困难重重。主要原因是当时正值鸦片战争后的第十年，朝廷国库空虚，财力日绌。最后工程款项是仿照“外省城工捐资办理之案”，由“亲郡王起，中外满汉文武大员至四品以上各员，量力捐资”筹措而成。⑨

正阳门的第五次被毁与重建是在清末光绪年间，此次正阳门被毁程度是历史上最为严重的一次，城楼、箭楼、闸楼、铺舍等均遭破坏。关于这次正阳门被毁情景见于多种史料，综合各家记述，大致情况是：光绪二十六年五月二十日（1900 年 6 月 16 日）晚，义和团为扶清灭洋，抵制洋货，火烧位于大栅栏的老德记洋货店，当时恰遇西南风，以致火势迅速蔓延，最终使正阳门箭楼付之一炬。城楼则毁于八国联军手中。《庚子记事》详细记载了城楼火毁的情形：“庚子八月初三（1900 年 8 月 27 日），夜间十一钟，正阳门城楼被焚，火势凶猛，合城皆惊，至天晓方熄。其前层箭楼，五月被义和团所烧；后层城门楼，洋人欲在楼上屯兵，已经打扫干净，今大火自焚，绝非人力所燃。”⑩

这次正阳门被毁后，并没有马上重修。原因是当年七月二十日（8 月 14 日）八国联军攻入北京，次日凌晨慈禧太后听说八国联军已经攻到东安门，便带领光绪皇帝、大阿哥、隆裕皇后、瑾妃、宫眷及王公大臣等仓皇逃离紫禁城。最终逃亡西安。直至次年，七月二十五日《辛丑条约》签订后，慈禧一行才从西安起程回京。

光绪二十八年（1902）年底，清政府派时任直隶总督的袁世凯和顺天府尹陈璧筹划修复。当时的清政府内忧外患，民贫国穷，一时拿不出钱来进行这样大的工程，最终只好由袁世凯带头捐款，倡导各省大员捐资助修。关于这次各省捐资修筑正阳门的情况，贾若钒在《清末各省捐资修正阳门之始末》（载于《北京文博》2013年第三期）一文已有详细论述。本文不再赘述。

这次箭楼和城楼的重建，因工部所藏的工程档案遗失，只好按照与正阳门平行的崇文门、宣武门二门的形制，并根据地盘广狭，将高度与宽度酌量加大。正阳门的这次重建工程耗资巨大、历时最久。根据相关奏折，重建工程计划用银四十四万三千两，实际耗资共计四十九万八千九百二十二两。工程于光绪二十九年（1903）五月开工，计划三年完工，但由于原料采办困难等原因，直到光绪三十三年（1907）九月才竣工。⑪

三、清代正阳门箭楼箭窗数量的变化

正阳门从明代正统初年始建到清末，虽然经历了五次火毁与重建，但是其形制基本没有改变，只是局部略有不同。从历史照片和文献记载看，清代不同时期箭楼箭窗数量有所不同。南面上下四层，每层13孔，共52孔，始终没有改变，主要是东、西两侧抱厦上的箭窗数量有所增减。

乾隆朝重修箭楼时开箭窗84孔。据内务府档案记载："外面下檐炮窗三层，上檐炮窗一层，每层南面十三座，东西二面四层每层各四座，共计八十四座。安青砂石过梁、槛框。榻板内透亮二十六个安松木炮窗板彩画炮眼；不透亮五十八个砖上彩画炮眼。"⑫

清朝后期箭楼开箭窗92孔。从19世纪80年代拍摄的正阳门（图1）和1900年正阳门箭楼火毁的照片（图2、图3）可以清楚地看出：南面箭窗数量与乾隆时期相同，上下四层，每层13孔，共52孔。东、西两侧的箭窗数量由

图1　19世纪70年代的正阳门

图2　1900年被火毁的正阳门箭楼

原来的每侧的16孔，改为20孔。此时，在抱厦上方增开了两层箭窗，每层2孔，总计增加了8孔。由此，箭窗由84孔变为92孔。这8孔箭窗增建于何时未见明确记载，但是根据文献记载的正阳门火毁情况，应该是道光年间重修所加。

清朝末期箭楼开箭窗86孔。光绪二十九年（1903）重修正阳门箭楼时，抱厦上方每侧只开了箭窗1孔，因而，箭窗数量由92孔又减为86孔。这从1915年6月正阳门改建工程期间拍摄的照片（图4）可以看出。

今天箭楼开箭窗94孔，是因民国时期改建正阳门，拆除瓮城时在抱厦两侧又各增开箭窗4孔。（图5）

图3　1900年正阳门箭楼

图4　1915年正阳门改建工程情形

图5　1915年正阳门改建工程情形

综上所述，正阳门自明初正统四年（1439）建成至清末，历经五次较大规模的修建。其中，箭楼重修了五次，而城楼只在清末重建一次。明清两朝五次重建正阳门，其方位和形制始终未有改变，只是局部有所变化。今天的正阳门城楼、箭楼，是清光绪三十三年（1907）重建和民国初年改建的成果。

参考文献

①《明太宗实录》卷 218　415 页　《抄本明实录》第一册　线装书局　2005 年版

②《明英宗实录》卷 23　131 页　《抄本明实录》第五册　线装书局　2005 年版

③《明英宗实录》卷 54　281 页　《抄本明实录》第五册　线装书局　2005 年版

④【明】谈迁著《国榷》卷 101　6079 页　中华书局　1958 年版

⑤中国第一历史档案馆藏《内务府奏案》档号 05-0358-064

⑥中国第一历史档案馆藏《英廉奏为城楼情形仰请饬交治罪赔补事奏折》乾隆四十五年十二月

⑦中国第一历史档案馆藏《和珅奏为城楼情形仰请饬交治罪赔补事奏折》乾隆四十五年十二月

⑧中国第一历史档案馆藏《总管内务府奏为城楼情形仰请饬交治罪赔补事奏折》　乾隆四十六年三月初二

⑨中国第一历史档案馆藏朱批奏折《掌浙江道监察御史文光奏为正阳门城楼工程紧要亟宜捐修事奏折》道光二十九年十二月初二日

⑩仲芳氏著《庚子记事》37 页　中国社会科学院近代史研究所 编　1978 年版

⑪中国第一历史档案馆藏朱批奏折《邮传部尚书陈璧奏为正阳门楼工竣所余银两恭候命下钦遵办理事单片》光绪三十三年九月二十八日

⑫中国第一历史档案馆藏《内务府奏案》档号 05-352-039

风雨沧桑正阳门

贯若钒
北京市正阳门管理处

现屹立在天安门广场的正阳门，是明清时期北京城门城墙的遗存之一。明初曾沿用元大都正南门之名，被称为丽正门，后来才改为正阳门，因其居南面城垣正中，为京城正门，因而命名“正阳”正是取“圣主当阳，日至中天，万国瞻仰”之意。

明代北京城门城墙始建之初，城垣疏阔粗犷，城墙间所辟九门不少仅有城门而并无其他建筑。明正统年间重修京师诸门，九门均有修整与增筑。重修之后正阳门成为了由城楼、箭楼、瓮城、闸楼等建筑组成的一处宏伟壮丽的建筑群。除此之外，此次重修还疏浚了城门外的护城河，将护城河上的木桥改为石桥，并在石桥前立五牌坊一座以壮观瞻。大规模的重修不仅使得城门规制完备，同时也大大提高了正阳门的军事防御能力。

正阳门自建成后，城门下屡有帝王龙驾往来经由，却未曾经历战争，直至明末李自成起义大军兵临北京之际。此前崇祯皇帝也曾亲自登上正阳门检阅军防，遍视雉堞楼橹，起义军军师宋献策化身算命先生坐镇京城要地正阳门，指挥刺探军情。继而大学士李建泰自动请缨迎战李自成，崇祯于正阳门城楼为其饯行。然而最终起义军仍旧兵临城下，正阳门上悬白灯笼三盏，“白灯笼者，自一至三，以表寇信之缓急者也”。御史大夫李邦华至正阳门，欲登城有所作为，却被内臣（太监）拒绝。不久，分守正阳门的太监弃城投降，起义军涌入内城，明亡，正阳门经历的第一场战争见证了一个王朝的覆灭。李自成入主紫禁城不久清军入关，起义军不敌而被迫撤退，临走之时放火焚烧北京城宫殿城墙，史载京师九门俱被焚毁，明代正阳门的历史告一段落。

毁于明末战火的正阳门与北京城墙在清初得以重建。却在乾隆和道光年间因失火而有过两次重修。第一次是乾隆年间前门大街外商铺失火殃及正阳门箭楼被毁，重修之事由和珅总督办，大学士英廉等人主持重修。然而新修不久，箭楼即出现闪裂、塌陷等现象，致使龙颜大怒，英廉等人均被降职，并自行出资再次重修箭楼，总督办和珅却因皇帝以“彼时和珅随从热河并未在工督办”为由，亲自为其开脱罪责，轻松撇清箭楼事故责任。第二次是道光年间，这次遭遇火灾的也是正阳门箭楼。虽然重修“工程最关紧要”，但清廷已经是强弩之末，国库无力支付重修所需银两，最后工程款项乃是由“亲郡王起以及中外满汉文武大员至四品以上各员量力捐资”筹措而来。

我们现在所能看到的遗存却是1903—1907年袁世凯主持重建的正阳门。1900年八国联军侵华，慈禧挟光绪仓皇出逃西安，正阳门城楼与箭楼的楼阁均在战乱中毁坏，只余下光秃秃的城台。1902年慈禧和光绪返京，为讲求皇家礼仪与体面，残破的正阳门城台上搭建起彩牌楼以迎接两宫回銮。不久，时任直隶总督的袁世凯以“有碍观瞻”为由，向朝廷提出了重建正阳门的建议，获得批准。然时值国遭重创，国库无银，此次重建所需银两乃是袁世凯号召各省“报效”而来。重建工程由袁世凯及时任顺天府府尹的陈璧主持，至1907年重建完毕。

1915年，时值正阳门重建九年后，时任北京政务督办的朱启钤以“正阳、崇文、宣武三门地方，阛阓繁密，毂击肩摩。益以正阳城外京奉、京汉两干路贯达于斯，愈形偪窄……殊不足以扩规模而崇体制”为由，向大总统袁世凯提出改造前门地区。为方便交通往来，正阳门瓮城被拆除，城楼两侧城墙上开辟门洞以方便出入通行。正阳门箭楼的改建则因为采用了德国工程师罗斯凯格尔的设计而富于西洋风情，中西合璧的建筑风格使其成为了老北京城的标志性建筑延续至今。

历史的一幕幕仿若昨日，继朱启钤改建正阳门之后，正阳门又目送孙中山先生的灵柩出城；军阀张作霖登上了从正阳门东出发的火车却不知此行已是其最后的征程；心系国家民族的有志之士在箭楼上办起了国货陈列馆力图振兴经济、救国危亡；日本侵略者则嚣张地跨过正阳门进入内城成立日伪政权统占古都……至1949年年初终于得见战争的阴霾散去，正阳门下迎来人民解放军入城的激动时刻，箭楼上举办了盛大的解放军入城式，前门大街两侧群众欢呼北平和平解放。

饱经时代风云激荡，迎来新中国成立的正阳门，还曾两度与周总理结缘。1958年，在天安门广场的扩建中有人提议拆除正阳门，周总理认为不妥，应该保留中轴线上的这座古建筑，最终正阳门在广场扩建中得以保存。1965年，因北京市修建地铁而需拆除内城城墙，包括内城城墙一线上的正阳门，周总理亲自勘察后，果断作出地铁路线南移保留正阳门的指示。

历经风雨沧桑的正阳门，也同天安门、天坛一样，早已成为北京城的象征，被京城的百姓们亲切地称呼为“前门楼子”。而今同是北京历史文化名城的一部分，天坛更多的代表着北京城曾为帝都的恢宏壮阔，表现的是北京古都一种无可比拟的磅礴大气。固然尊贵，却没法感觉亲近。天安门则是全国人民心中的圣地，它代表着新中国成立、人民当家做主的骄傲与自豪，是一种扬眉吐气的酣畅淋漓，总令人肃然起敬。然正阳门却与它们不同，它贴近民间生活，且融入了普通人的生活之中，伴随平常百姓的人世沧桑、市井小民的酸甜苦辣，散发着温暖而亲切的人情味。围绕正阳门地区，自明中后期起便形成了一处繁华的商业区域，之后发展出数条各有特色的前门商业街道，正是京味文化的发源之地之一。相较殿堂级别的皇家建筑，这座百姓的前门楼子更多地是代表着一种传统、正宗的京味民俗文化，一种鲜活生动、有滋有味的老北京生活，是一种深入民间的亲切自然。

时至今日，这百姓的大前门，这老北京城墙遗存之一的正阳门城楼与箭楼，不仅成为了北京历史文化名城不可缺少的一部分，它也已经成为了国民大众的博物馆，向每一位到访的游客展示着历史的厚重与文化的璀璨。

正阳门关帝庙

周子予

北京市正阳门管理处

在《巍巍正阳——北京正阳门历史文化展》的展厅二层，介绍了正阳门瓮城内靠城楼券门两侧的两座宗教建筑，东侧为观音庙，西侧为关帝庙。两座庙全部朝向南面，均为一层殿宇，歇山顶。老北京城有“九门十座庙”的说法，正阳门就占据了两座。

明清时期，北京内城九门的月城内，依例皆建有庙宇。不过，除德胜门和安定门因位于北侧，按阴阳五行北方属水供奉真武大帝外，其余各城门内均供奉关帝，祀之以祈护国佑民。九门之中，以正阳门关帝庙规模为大，香火亦最盛。明刘侗、于奕正所著《帝京景物略》卷三《关帝庙》条曾详述当时官民奉祀正阳门关帝庙盛况：

> 关庙自古今，遍华夷。其祠于京畿也，鼓钟接闻，又岁有增焉，又月有增焉。而独著正阳门庙者，以门于宸居近，左宗庙、右社稷之间，朝廷岁一命祀。万国朝者退必谒，辐辏者至必祈（示字旁加耳字）也。祀典：岁五月十三日，祭汉前将军关某，先十日，太常寺题，遣本寺堂上官行礼。凡国有大灾，祭告之。万历四十二年十月十一日，司礼监太监李恩齎捧九旒冠、玉带、龙袍、金牌，牌书敕封三届伏魔大帝神威远震天尊关圣帝君，于正阳门祠，建醮三日，颁知天下。

又蒋一葵《长安夜话》卷二“正阳门庙”条亦载：

> 正阳门庙者，祀汉前将军关侯。侯庙祀遍天下，而称正阳门者，为都城作也。都城自奠鼎以来，人物辐辏，绾四方之毂，凡有谋者必祷焉，曰吉而后从事。中间销沮异谋，振发忠义，以助成圣化者，其功甚不小也。

据上引可知，正阳门关帝庙香火兴盛的原因，一是因为其坐落位置的优势：门近宸居，左宗庙、右社稷之间，万国来朝者退朝必谒拜，行经者至必祈祷；二是朝廷带头祭祀，故百姓风从。

另外，有记载谓此庙内关帝的塑像原为明世宗大内之物：

《燕京访古录》：正阳门关帝庙中之关帝法身，乃明世宗宫内旧关帝像。世宗以宫内所祀者形体小，不惬意，命木工制大像一。像成，就卜者问焉，卜者谓，旧像曾受数百年香火，灵异显著，弃之不吉。世宗韪其言，乃命祀之于此。

有清一代，正阳门关帝庙的香火依然兴盛不衰，几乎历朝皇帝每于天坛郊祭回宫前，必至该庙拈香，平民则于每年六月二十四日来庙奉祀。另每月初一、十五，及腊月三十日，为开庙之日，届时求签者络绎不绝：商贾求利市、妇女求子嗣、举子望功名、百姓盼福寿、官吏企升迁，“正阳门关壮缪祠，三百余年素著英灵”。（见《史诗丛刊》）清代的关帝庙庙会更是热闹非凡，《都门杂咏》描述庙会情景云：“来往人皆动拜瞻，香逢朔望倍多添。京中几万关夫子，偏在前门喜问签。”庙内还有“三宝”：一为大刀，一为关帝画像，一为汉白玉石马。大刀三口为清嘉庆十五年（1810）陕西绥德城守营都司在打磨厂的三元刀铺定铸，一重 400 斤，一重 120 斤，一重 80 斤；每年的五月初九日，三元刀铺都派人来庙磨刀致祭。庙内收藏的关帝画像栩栩如生，传说出自唐朝画圣吴道子手笔，1900 年庚子事变时丢失。汉白玉石马立于庙前，传说明成祖北征时，军前每见关帝骑白马在沙漠雾霭中为其引路，归来后则于庙前刻立一玉石白马奉祀。此马在清末民初间丢失。

关于正阳门关帝庙始建的具体时间，目前尚难定论。一种说法是此庙建于明初永乐时期（1403—1424），如近年出版的《老北京的风俗》一书，即持此说。该书描述：永乐帝亲征漠北时曾遇风沙迷路，遇一神人持大刀跨白马指引大军走出沙漠，永乐帝认为是关帝显灵保佑自己，于是在正阳门外建关帝庙奉祀。其实，这种说法来自于《帝京景物略》的一段记述：

“先是成祖北征本雅失理，经阔滦海，至斡难河，击败阿鲁台。军前每见沙蒙雾霭中有神，前我军驱，其巾袍刀杖，貌色髯影，果然关公也，独所跨马白。凯还，燕市先传，车驾北发日，一居民所畜白马，晨出立庭中，不动不食，晡则喘汗，定乃食，回跸则止。事闻，乃敕崇祀。”（《帝京景物略》卷三）

实际上，永乐时在正阳门建关帝庙之说不准确。一是上引所述，并未明言成祖敕命“崇祀”的关羽祠是建在都城的正南门。二是事实上，永乐十七年（1419）才将元大都原有的南城墙（在现在的长安街一线）南推二里筑新墙，开三座城门：丽正门、顺承门、文明门。后正统元年（1436）才在城楼外建箭楼和月城，并把三座城门更名为正阳门、宣武门、崇文门。及嘉靖三十二年（1553）建北京外城，才有了永定门、左安门、右安门、广渠门、广宁门（清道光时为避帝讳，更名广安门）。永乐时还没有建造箭楼、瓮城，是不可能把关帝庙暴露在起防守作用的城楼之外的。只有建了外城，居住的人多了，才会有更多的人经过正阳门瓮城，也就造成了关帝庙存在的环境背景。所以，正阳门关帝庙的建造不可能早于嘉靖年间。

再有《漫话北京城》一书在介绍正阳门关帝庙时，认为是建于明天启皇帝年间，这个说法也觉证据不足。因为从现存的关帝庙碑文拓片中，有明万历十九年（1591）的《汉前将军关侯正阳门庙碑》、明天启元年（1621）的《关帝庙碑》、明代（由于碑体残破，具体年代不详，但能确认是由明万历年间诗人王思任所撰）的《午门关帝庙诗并跋》、清康熙元年（1662）的《关圣祠诗刻》、清康熙二十年（1681）的《关帝庙碑》、清康熙二十四年（1685）《关圣帝君匾文》、清道光八年（1828）《加封关帝威显号谕旨碑》的资料看，今天所知关帝庙最早的碑刻就是《汉前将军关侯正阳门庙碑》。这座庙前的石碑，是由万历朝前期的翰林院修撰焦竑撰文，当时的书法家董其昌所书，刻于明万历十九年（1591）。据此推测，该庙的建造年代应早于天启年间，而可能是在万历初期。

正阳门关帝庙于20世纪60年代被拆除，上文所述的一切除少数石刻外均已不存。而《汉前将军关侯正阳门庙碑》在2008年6月27日，北京市丰台区南苑乡槐房村村民宋振启在拆建小房地基时，又得以重现。碑身高152厘米，宽90厘米；额拓片高32厘米，宽21厘米。现石碑保存于丰台区文化委员会。

正阳门关帝庙这座京师名刹的形象（包括图画、彩色图样、照片）如今保存下来很多，特别是今国家图书馆、中国文化遗产研究院等单位，收藏了许多当年刊立于这座庙内的碑刻拓本。拓本的文字真实地反映了明、清两代奉祀、纪事的内容，是研究北京城垣建设史和社会文化史的宝贵文献。

仰观皇家礼仪隆盛　俯察民间万象风情

——看《乾隆南巡图》之《启跸京师》卷

李　思

北京市正阳门管理处

《乾隆南巡图》是由清代宫廷画师徐扬绘制，描绘乾隆十六年（1751）清高宗乾隆皇帝第一次南巡江浙的历史画卷。乾隆此次南巡行程5800里，往返112天。为了记录此次南巡盛况，乾隆从他即兴所赋的520多首诗中选定12首，命画家徐扬绘制成12幅纪事性历史图卷。

乾隆十四年（1749）秋，两江总督、河道总督、两淮监政、漕运总督、大学士九卿等官员联名上奏，列举康熙皇帝六次巡幸江南的成例，恳请乾隆皇帝圣驾南巡，以慰江南官民祈望当今圣上临幸之恩。

乾隆处处效法他爷爷康熙皇帝，他本人对江南的秀美风光也极为向往。便乘势应允了众卿的奏请，决定江南巡幸，南巡时间定在乾隆皇帝生母圣母皇太后六十大寿之年的春天。乾隆一生曾六次南巡，自乾隆十六年（1751）首次巡幸，到乾隆四十九年（1784）六下江南。每次南巡，乾隆皇帝都会赋诗数篇，咏歌大清帝国的壮丽河山。

在中国古代，由于没有摄影录像技术，要留下皇家盛典的形象资料，全靠宫廷画师的妙笔丹青。徐扬奉命绘制的《乾隆南巡图》，上承《康熙南巡图》而作，十二卷体例既定，为写实主义作品。徐扬“依御制诗意为图”，创作而成的这十二卷图分别是：启跸京师、过德州、渡黄河、阅视黄淮河工、金山放船至焦山、驻跸姑苏、入浙江境到嘉兴烟雨楼、驻跸杭州、绍兴谒大禹庙、江宁阅兵、顺州集离舟登陆、回銮紫禁城。通过乾隆南巡的具体事件，描绘了锦绣河山的壮丽图景，南北城乡的世态风情。真实地反映出18世纪中叶中国政治、经济、文化的社会风貌，堪称写实主义绘画杰作。

画家徐扬（1712—1777），字云亭，江苏苏州吴县人。乾隆十六年（1751）首次南巡苏州时，徐扬因进画为乾隆所赏识，被选拔到宫中供职，官至内阁中书。进宫后受当时清宫内廷外籍画家艾启蒙、贺清泰影响，形成中西合璧的写实画风。其画作大部分为乾隆时期重大历史事件和社会风貌的写实作品。

由于《乾隆南巡图》是奉旨作画，这使徐扬在创作上受到很大的制约和局限。因为作为艺术作品，一度创作时他不能充分发挥其主观能动性，调动起创作激情。既然是奉命“依御制诗意为图”，自然是关乎性命和前程！所以徐扬在前期的创作构思中，既要严格遵从圣意，画面布局法度森严，又要在有限的空间内，发挥画家对生活的敏锐观察力和创作激情。落实到具体创作中，他力图在仰观皇权神圣威严，俯察民间世态万象之间，以艺术家的人文情怀，用平视的眼光，亲和的心态，走近普通百姓，描绘市井人生。由此，也使这幅宏大的叙事性历史画卷，不只是讴歌皇家威仪的尊崇和凝重，也赋予画卷一些生活的气息，充盈着几许灵动和温情。

徐扬经过数年反复构思，大型叙事性历史画卷《乾隆南巡图》，终于在呕心沥血的创作中得以完工。《乾隆南巡图》长卷有绢本和纸本两种，两种版本间隔数年分两次完成。绢本十二卷创作构思于乾隆二十九年（1764），历时六年，乾隆三十五年（1770）完工；纸本绘制于乾隆三十六年（1771），历时五年，乾隆四十一年（1776）完成。

遗憾的是，首次创作的《乾隆南巡图》绢本十二卷早已散失，其中第九卷《绍兴谒大禹庙》和第十二卷《回銮紫禁城》现藏于北京故宫博物院；其余数卷分别藏于美国纽约大都会博物馆、法国巴黎吉美博物馆和魁黑市博物馆等处；二次创作的《乾隆南巡图》十二卷为纸本设色，纵68.6厘米，总长达15417厘米。现完整地收藏于中国国家博物馆。

我们此次展出的这幅《启跸京师》图，是十二卷南巡图长卷中的第一卷，原图纵68.6厘米，横1988.6厘米。图卷描绘乾隆十六年（1751）正月十三日，清高宗乾隆皇帝弘历恭奉皇太后钮钴禄氏自紫禁城乾清门起銮后，在皇后嫔妃、随从大臣及2000多名八旗护卫亲兵及仪仗队的前呼后拥中浩浩荡荡走出正阳门，开启首次南巡之旅的沿途景象。

画卷中，徐扬详细地描绘出乾隆南巡的沿途路线，生动直观地再现了北京古城的城市布局、清代皇家的出行威仪、沿途可见的市井百态、帝王百姓的别样人生。由此可见，徐扬在作画时，虽仰观帝王身份之尊崇，同时又能以客观心态来俯察民间万物之欣荣。构思中，他力图使画面安排详略得当，主次分明。构图以主线和副线两个部分交相辉映，画面以围幛为中心，分上、中、下三个部分来进行。图中主线部分，他浓墨重彩渲染出皇帝出行的礼仪隆盛；副线部分，他则以平民视角，客观地描绘出京都风情，百姓人生。如此布局，使整幅画面既气势恢宏，又妙趣横生。

因《乾隆南巡图》十二卷是依诗作画，故每卷卷首都是以乾隆的诗来开篇。本卷《启跸京师》图，卷首即是书法家梁国治敬书乾隆《供奉皇太后南巡启跸京师近体言志》诗，诗中大意是：他站在高高的祭坛前，祈求天佑大清五谷丰登、国泰民安。并表示他将铭记古训，敬天爱民，立志做有道明君。他欲效仿先祖康熙皇帝赴江南巡视，并供奉皇太后凤舆同行。乾隆皇帝推崇孝道，他有生之年的六次南巡，皇太后在世时的前四次他都亲扶凤辇，奉母同行，向天下彰显天子家仁政孝亲的好德之风。

画卷开始处，祥云缭绕，紫气东来。正阳门瓮城建筑群在云蒸霞蔚中更显巍峨壮观！箭楼上“正阳门”石匾额以满、汉两种文字题写。因为正阳门地处紫禁城南端，是皇帝出京必经之地，所以正阳门城楼和箭楼的规制，在京师内城九门中地位最为尊崇。也只有正阳门箭楼下开辟拱形券门，但这扇大门平时关闭，只有在皇帝御驾经过时才开启。

南巡的队伍经过正阳桥、前门大街五牌楼，随行的仪仗队排成长龙，迤逦西行。整幅画卷首尾相继，前后呼应。这边还有部分护卫、官兵骑在马上，从正阳门箭楼券门经过；那边大队人马一路西行，正路过宣武门；前呼后拥中，乾隆皇帝已经走出广宁门（即广安门）。前面，整个南巡仪仗队伍一路排开，更远的队列已经排列到黄新庄行宫。

我们看到清代皇帝出行时，要实行交通管制。正阳门箭楼南面的五牌楼前，多道蓝布围幛拦街围成警戒线，以示皇权至上的神圣威严。围幛内外，是两种阶层。这既是当时社会现实的真实呈现，同时又成为画家构图时，主线与副线两者之间的分割点。整幅画卷由主线和副线两部分构成。围幛内是主线，主路御道上，几十名骑马执枪的侍卫和身带弓矢、佩刀骑在马上的众多扈从，以及手持黄龙大纛两面殿后的护卫亲军，正从正阳门箭楼走出；副线部分则是围幛外前门大街五牌楼前，有执行任务及回避于此的官民人等，还有沿街店铺及芸芸众生。画面场景安排动静有序，画中众人形态各异，生动有趣。只见有人正在扫地，有人正在交谈，更多的人面朝围幛向内观望，希望借机能一窥乾隆的龙颜或皇家仪仗的盛大场面。

主线部分的御道上，南巡队伍中随行的车辆已经过了前门大街，走到了西河沿东口。画面随着队伍西移，一顶由 16 人抬着的明黄色凤舆缓缓走来，里面坐着的是乾隆皇帝的母亲圣母皇太后。后面有三辆明黄色的二轮凤车和两辆仪车，各由一匹大马拉着，跟随凤舆行进。里面坐着的应该是皇后、嫔妃等随行宫人。每辆车前后都有数名校尉步行守护，两侧护驾的是骑着各色马匹的随行扈从。

再看正阳门瓮城外的前门大街上，主路两侧的房舍及围幛隔开的副线部分，只见房舍林立，商贾云集，各种店铺及招幌都出现在画面中，一片繁华的商业场景。这边是“本商自置云贵川广苏杭各省上品杂货发贩”，那边有“各色大布”“京青大布”“绉纱手帕”“苏杭绸缎、包头汗巾”，林林总总。

房舍隔开的小巷中，众人有骑马的，有赶车的，有挑担的，有交流的，有扫地的，有人在店铺内忙碌着，有人在店铺外歇息着。临街围幛后，有几位妇人站在蓝布围幛前朝街上窥视，还有两位妇人带一小儿欲推门进屋。南侧的一个店铺招幌高挂，上写“取耳”“整容”，想必是当时男士理发修面之地？旁边是一座寺庙，门内门外立有三位僧人正在交流。如此出世与入世相映成趣，佛家与俗众生活在一起。向后看去，几重院落别开生面，各色人等活动其间。如此热闹的市井风物，与主画面中皇帝仪仗的威严庄重自是不同。画家有意画出了两个世界，两种人生！

通往宣武门前的大街上，南巡的大队人马车辆沿大路西行经过这里。只见街巷路边有一座衙门双门紧闭，上贴“翰林院封”的封条，估计是新年刚过，衙门还没有上班。沿途很多家大门上仍贴有春联，上写“和风甘雨，瑞日祥光”“东皇推出，南极吹来”；“居之安，平为福”；“江山一统，天地同春”等吉祥语，空气中仍弥漫着京城春节的年味气息。

大队人马继续西行。马路一侧，一些夫人跪迎路旁，这些人大概是朝廷命妇，被恩准恭迎皇太后銮驾一行。西行人马过了一座石桥，两两相对的马上护卫官兵踏过石桥，向宣武门进发。马路北侧，有两位妇人带着一小儿正在路旁跪迎。

这时，在临近宣武门的这一段主路上，画面的主线部分竟出现了一个如中国写意画似的留白空间，围幛之内的御道上竟空无一人！这正是画家徐扬的高明之处，欲扬先抑，他蓄意为之，刻意要为即将出现的高潮造势。

此时徐扬把画面的重心安排在副线部分，多道围幛拦截之外的副线空间，正是画家奇思妙想的发挥之处，成为他挥洒才情的一个亮点：画面上多道围幛的出现，使整体画面构成了多重表现空间，多重空间里也就有了多重的人生面相。画家以他的写实美学观把画中场面节奏安排得张弛有度，构图疏密相间，画面生机盎然。在这里，行人、车马、轿子聚集此地，路边一些人两两交谈。一些店铺沿街散布，携儿带女三五成群的妇人闲闲而谈。街头巷尾各式招幌迎风招展，五行八作会聚其间。旁边有一小店，几个人正围坐用餐。最有趣的是桌下一只小狗画得惟妙惟肖，此时它正在向马路上眺望，莫非它也想一睹皇家仪仗的隆重、威严？

一旁小院内，有一妇人正抱着小儿依窗闲坐。附近另一处房屋里，有两名男子在临窗而谈。左边出现了两道围幛，第一道围幛外为官兵防备守护所用，第二道围幛外则是市井百态，民俗风情。画面中一些人聚集这里，这边有挂着半扇肉的肉贩正在招揽顾客；那边是冒着热气的包子刚刚出笼。而主路的北侧，围幛外人马车辆齐聚，众人形神各异。市井人生，大家各自忙碌着自己的事情。

由此，我们不得不赞叹徐扬高超的画技！整幅图卷既大气恢宏，又兼顾到细节的逼真，画家于细微处见精神，其丰富的想象力及扎实的写实技法，使画卷弥漫着浓浓的生活气息。画家在此放飞了他诗意的想象空间，画笔纵横捭阖，既从大处着手，又能于小处收笔。画家徐扬的卓越才华高超技艺在此展露无遗。

前门大街至宣武门一带，一直都是商业繁盛之地。图中我们不时能看到沿街商铺及招幌出现。招幌是当时店铺的广告招牌，又分为“形象幌”和“文字幌”两种，材质和样式依据各个店铺经营的货物品种而定。文字幌就是以文字介绍店面经营的货物种类；形象幌则是以形象来做广告示人。正如画中一幌子下端迎风飘扬的流苏是象征面条，这是切面铺的形象广告；再有南侧“靴鞋老店”的招幌旁悬挂一只靴子，不识字的路人也能明白此店经营靴鞋物品。

随着画面西移，宣武门瓮城下，扈从官兵又出现在主线部分的画面中。只见拦街围幛打开一处，一人骑马从外围冲入。而在前面的马路上，几名骑着马匹的官吏正在沿街驱散偷窥及看热闹的闲人。还有官兵正驱马向西飞奔，这给整体画面增添了一些动感和紧张气氛。

围幛外南、北两侧的副线部分，又分布有各种店铺及各色人等。主路北侧的湖面上还结着冰，有人正在冰面上冰嬉。冰嬉在清代作为皇家冬季消遣的游戏，乾隆时期甚至将其定为国俗。马路两侧的画面构图有序，动静各异。徐扬以他缜密的艺术构思，把现实生活中的真实场景虚拟地呈现在画图之中。使整幅画面既渲染出皇帝出行的礼仪森严，又不失生活情趣而活灵活现！

南巡人马过了宣武门，断断续续西行直到广宁门前。当时的广宁门也就是今天的广安门，清道光年间为避清宣宗道光帝爱新觉罗·旻宁之讳改为广安门。临近广安门城楼下，两名骑马的亲军高举着两面殿后的黄龙大纛，与 10 名侍卫扈从围成弧形向前进发，数十名官员骑着各色马匹，结队紧紧跟进。广宁门瓮城内，已经有一些官兵正于城中向外出行，另外的一些官兵已经走出了瓮城。

广宁门城外护城河石桥的前面，30 员王公大臣人人身着黄马褂，骑马佩刀，围成弧形。马路两侧分别有 12 名佩刀侍卫肃立两旁。石桥上下，是一些王公大臣护驾前行。此时扈从队伍是以扇状密集排列，画面呈紧张状态，预示着高潮部分将要出现，重要人物即将登场。

主人公出场了！画面的中心安排在广宁门外宽阔的大街上，乾隆皇帝在前呼后拥中已到达此地。只见他身穿出行便装，骑一匹白色骏马，面色平和，平易近人。前后护卫中，他乘马在九龙曲柄黄华盖下从容地缓辔而行。在乾隆前面，一名骑马的御前侍卫高举着一顶九龙曲柄黄导盖，两名骑马侍卫围护左右。导盖是作为先行，走在前面为皇帝引路所用。此时前方的大路上，马路两侧分别跪着一些恭迎圣驾的各级大臣。古时，皇帝路经之地被视为一方的恩宠荣幸，沿途路旁，不时能见到一些人跪地恭迎。

大路两侧一字排开的是“前部大乐”的演奏队伍。中国传统文化，自古重视礼乐。所以皇帝出行时，有作为导迎乐的各种乐器在前面导引。只见一对对戏竹云锣、龙篴（笛）、平篴（笛）、篴管，笙、导迎鼓板等执手两两相对，演奏皇帝出行的导迎乐。今观之似闻笙管鼓吹之声犹从画面隐隐飘来。

皇帝出行的大驾卤簿出现在画中，卤簿是古代帝王出驾时扈从的仪仗队名称。卤簿之名始于汉代，“天子出，车驾次第谓之卤簿”。卤簿的“卤”意思是“大盾”，即甲盾，是对帝王保卫的防护措施；“簿”为册簿之意，就是把保卫人员及仪仗队伍的装备规模、等级次序、排列有序形成文字典籍，著录在簿籍中，故称卤簿。其意义在于彰显帝王的尊贵威仪。

清代卤簿制度的建立，经历了一个由少到多、由简到繁的演变过程。在仪仗制度方面，从仪仗数量到各种礼器上的纹饰图案、颜色大小都有了统一规范。彰显了“康乾盛世”的大国风貌和礼仪特点。而此时乾隆皇帝南巡的规制礼仪，比他爷爷康熙皇帝还要铺张奢靡。

画卷中，我们了解到乾隆时期大驾卤簿的盛大场景：从背负宝瓶“太平有象”的宝象排列，到“皇帝五辂”礼仪车辆的隆重安排，以及两两相对的导引乐导引，再到五光十色的龙旗、团扇，还有各种样式的五色花伞辉映其间。每种仪仗两两相对，各四件、八件、十件不等。五光十色，迤逦而行。

画面上，我们看到乾隆皇帝还在广宁门外，而前行的仪仗队已经绕过宛平城，浩浩荡荡排列到卢沟桥上。卢沟桥南面的大路上，一些人正在清扫街道，准备迎接圣驾到来。队伍继续蜿蜒西移，经“长辛店汛”，过“塔洼汛”，到良乡县黄新庄行宫。

画卷至此也渐进尾声。只见很长的马路上，有三三两两的人或赶车、或徒步、或挑担由此路过，有三四个人正在往车上装载一捆捆柴草。沿街店铺店门大开，家家门前摆着香案，为“圣驾南巡”焚香致礼。

一座木桥上，有路人、车辆、骡马和骆驼由此经过。桥南侧的一块洼地中，徐扬又着意设置出一处亮点：只见五位农人正在耕耘播种。一年之计在于春，民以食为本。皇帝南巡与百姓没有关系，农人还是种好自己的田地要紧。

“塔洼汛”以南，有宝塔和城楼一角及牌坊出现。许多官民老幼在此恭候，欲瞻仰圣容。大路以南，一座牌坊南面房舍俨然，应该是良乡县黄新庄行宫。路上几名差役正在用水洒扫街面。图卷的尾部，祥云缭绕画面之中，有官员三三两两正恭候圣驾一行……

至此，《乾隆南巡图》第一卷《启跸京师》图已经结束。画卷左下角有“南巡图第一卷　臣徐扬恭写”楷书字样，下面盖有“臣徐扬”和“笔沾春雨”两方小印。拖尾处盖有乾隆皇帝“养心殿尊藏宝”御玺。整幅画卷中，乾隆的多方御玺辉映其间，画卷开端处常用“五福五代堂古稀天子宝”“八徵耄念之宝”，中间用“乾隆御览之宝”，结尾处是“乾隆鉴赏”“三希堂精鉴玺”“宜子孙”等。

诗是无形画，画是有形诗。徐扬以他写实主义技法创作的《乾隆南巡图》，诗画交辉，情形相映。具有有形文物价值和无形非物质文化遗产的双重价值属性。图卷是从有形见无形！徐扬不仅画出了有形的社会景象，同时也写出了无形的人们的内心世界。画面既彰显了乾隆皇帝欲以仁孝治国的明君理想，又暗含有普通百姓期盼国泰民安、人寿年丰的美好愿望，以及对安居乐业幸福生活的憧憬和向往。

感恩徐扬！他以数年心血绘制的煌煌巨作《乾隆南巡图》长卷，既是一部写实主义的历史杰作，又是了解清代北京城市布局、宫廷文化、礼仪规制、京都文明、民俗风情的珍贵资料及形象的教科书。

感恩文博界资深专家王宏钧先生！是他以厚积薄发的文化底蕴，用文博工作者考据严谨的治学之风，精心编撰的《乾隆南巡图》研究一书，为我们此次《乾隆南巡图·启跸京师》卷的顺利策展，提供了丰富翔实的宝贵史料。此画卷的展出，帮助观众了解到清代北京古城的帝都风貌，成为我馆此次《巍巍正阳——北京正阳门历史文化展》中的一个亮点。

沧桑巨变，斗转星移！历史就是在继承中发展，在发展中嬗变的前进过程。今天，有着 3000 多年建城史和 860 多年建都史的古老北京城已四方通衢，发展成为厚德载物、兼容并包的首善之区。在这里，传统与现代有机交汇，多元文化和谐共生。新时期内，这座历史文化名城，也被赋予了新的使命。站在正阳门城楼俯瞰北京，昔日崇峨帝宫紫禁城早已成为“故宫博物院”对外开放，吸引世界友人瞩目参观；当年居九门之首，只走皇帝龙车的正阳门城楼和箭楼现保存完好，已辟为对外开放的博物馆；而正阳门外的前门大街上百业重现，繁华更胜往昔！街头巷尾及大栅栏内，旧京文化、商业文化、饮食文化、民俗文化等穿越历史与时代同行。古老的北京城栉风沐雨后迎来新生。

历史不老，文化永存！这就是《乾隆南巡图》长卷的价值所在。长卷在目，追古抚今。今人在观赏长卷构图之精美的同时，也真切地感受到传统文化的流风遗韵，中华文明的博大精深！驻足画前，古今之间，观者的思绪也会随着画卷的延伸而放飞，仿佛回到了那个时代，你我也俱是画中之人，随着乾隆的南巡队伍，开启一场历史之旅……

参考文献

《乾隆南巡图研究》 文物出版社 2010 年版

《帝都之门》 北京出版社出版集团 2008 年版

《北京正阳门》 北京燕山出版社 2009 年版

《日下旧闻考》 北京古籍出版社 2000 年版

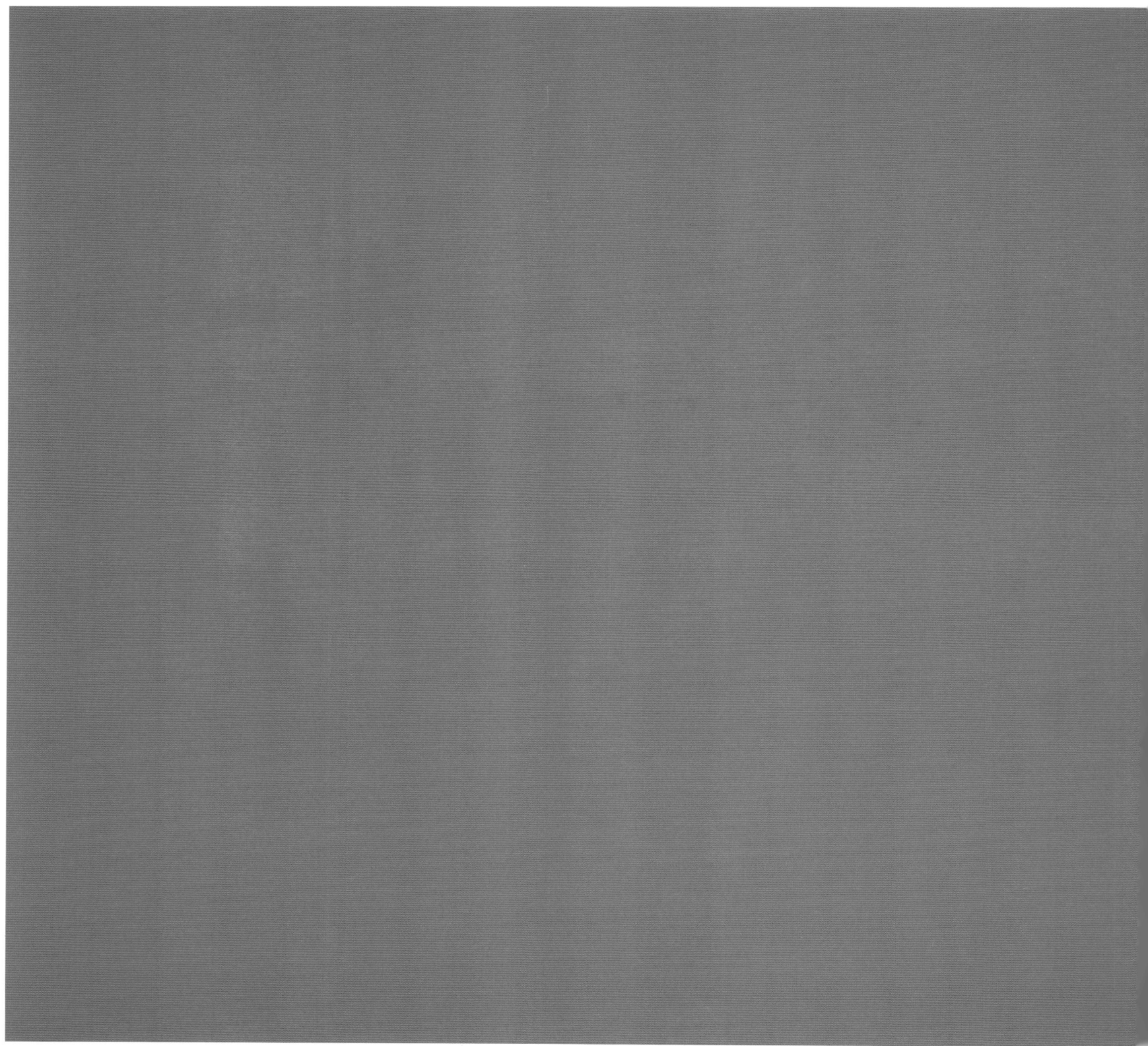

后　　记

张　辉
北京市正阳门管理处书记

巍峨雄伟的正阳门城楼是老北京城重要的组成部分，是新北京城最重要的文物建筑遗存之一。它作为明清两代王朝帝都的正门，其规制最为隆重，历史文化内涵极为丰富。正如易中天先生所言："任何试图读懂北京的人，一开始都会有一种不得其门而入的感觉，我们必须找到进入北京的门。"正阳门，就是明清北京城最为重要的一座门。

正阳门城楼开放后，曾先后举办过三个基本陈列。其中，2006 年推出的《正阳门历史文化展》，是首个专题介绍正阳门的展览。这次的改陈，是在 2006 年的展览基础上进行的。如今改陈工作已经结束，又可以向社会、向广大的观众隆重推出一个全新的《巍巍正阳——北京正阳门历史文化展》。

《正阳门历史文化展》改陈后重新开放，我个人认为有如下几点重要意义。

一是旧的《正阳门历史文化展》，距今已有近8年之久，展陈形式早已落后过时，展板、展材及配套设备设施等已陈旧损坏，存在安全隐患，因此，必须进行改陈，消除安全隐患，为观众提供一个全新的展览，营造一个温馨的参观环境。

二是重新改陈后的《巍巍正阳——北京正阳门历史文化展》，在形式和内容上有许多新的变化。第一，增加了新的展陈内容，如《乾隆南巡图》等，是在我馆主管领导和业务人员认真研究、充分论证、反复调整的情况下确定的，从而确保了展示内容更加丰富、更趋全面和完善。第二，采用了新的展示技术，在深入挖掘并展示正阳门自身历史文化的同时，采用了动态《乾隆南巡图》展示、飞游中轴线互动体验项目等新颖的手段，大大提高了展览的展示效果和参与性。第三，在展览形式和版面设计方面，不仅注重展示展陈内容自身的协调，而且还注重展厅内外整体环境的协调，以期达到更趋完美的展示效果。第四，从展陈内容的设置到形式设计等各个环节、各个阶段工作，全体同志们本着交流学习的姿态，认真听取有关专家的意见，充分研究，并逐步切实抓好落实。

三是正阳门作为我馆的所在地，对于举办好《巍巍正阳——北京正阳门历史文化展》，我们责无旁贷，不论新展还是旧展，皆本着提供文化惠民服务的宗旨，深入挖掘正阳门的历史文化内涵，通过高质量的展览，向游客讲述正阳门的故事，让他们觉得有意思、值得参观。从服务观众的角度来说，观众满意是我们的终极目标。

四是这次我馆《巍巍正阳——北京正阳门历史文化展》改陈后的重新开放，不仅是我馆本次基本陈列改陈工作圆满顺利结束的标志，同时，也是我们以此为契机、以此为新的出发点，带动和促进我馆各项工作向新目标进发的标志。

一直以来，各家博物馆围绕自身文化内涵特点举办基本陈列展览，以向社会、向广大观众提供文化服务的方式开展宣传教育，履行和发挥博物馆社会教育职能作用。毫无疑问，我们这次的改陈，也是围绕我馆自身的文化内涵特点、突出体现我馆开展文化宣传教育活动主题予以实施的。在改陈工作结束以后，我们将按照党中央、市委市政府和市文物局有关文化大发展大繁荣的总体部署和要求，实施与之配套的二期展陈、箭楼改造利用等工作。并且，还计划推出一系列自身特色鲜明的外展，走出北京，走出国门。与此同时，研究引进适合在本馆举办的、文化内涵丰富的临展，广泛开展宣传教育活动，为传承弘扬中华优秀文化继续努力工作，争创新的业绩。

改陈是一项艰苦烦琐的工作，同志们为此克服了很多困难，团结一致，努力拼搏，其成果是明显的。为有效保留好这一改陈成果，为满足今后开展工作的实际需要和更好地发挥这一展览的宣传效果，我们在实施改陈的同时，以展示内容为基本依据，辅以收录本馆业务人员的部分研究成果，编辑出版了《巍巍正阳——北京正阳门历史文化展》图录，给这次改陈留下了珍贵的档案。

在改陈后的《巍巍正阳——北京正阳门历史文化展》推出之际，让我代表北京正阳门管理处全体同志，对关心、支持、指导我馆改陈工作的各位领导、专家、学者、博物馆界同仁、社会各界人士，以及展览设计制作公司等有关协作单位的领导和工作人员，表示衷心地感谢！希望你们一如既往地给予关注和支持。让我代表管理处领导，对本单位全体同志道一声辛苦！希望大家继续努力，再创佳绩！

让我们共同携手，为首都文博事业的发展创造新的辉煌！

《巍巍正阳——北京正阳门历史文化展》
工作团队名录

支　　持：北京市文物局

主　　办：北京市正阳门管理处

总 策 划：郭　豹

总 协 调：张　辉

现场总指挥：葛怀忠

业务总负责：李　晴　周子予

内容设计：郭　豹　张　辉　葛怀忠　李　晴　贾若钒　袁学军
周子予　李少华　李　思　殷伯冬　刘建悦

展览大纲：贾若钒　李　晴　袁学军

导 览 词：周子予　袁学军　李　思　李少华　殷伯冬

宣传折页：袁学军

档案管理：刘建悦

英文审校：李宝平（悉尼大学）　李少华

文字统筹：郭　豹

安全保卫：施裕平　陈　亮　古树铭　赵振杰　杜帅亿　赵彦升

财务管理：张彩月　顾英侠　曹　晗

后勤保障：王金涛　刘明鑑　吕　蒙

外联接待：焦长保　李少华　连　续

展览形式设计及布展：北京众邦展览有限公司

项目负责人：孙石勇

设计团队：穆力兵　洪　烨　李　超　朱爱琳

施工管理：徐　礼　孟鸣放　刘云超

展览图录：

学术顾问：傅公钺

主　　编：郭　豹

副 主 编：李　晴　贾若钒

编　　委：袁学军　周子予　李少华　李　思　殷伯冬　刘建悦

展厅摄影：陆　岗

图录出版：北京燕山出版社

图录设计：海马广告（北京）有限公司

项目指导：刘超英　哈　骏　李学军　吉晓平　党　娟

专家顾问：吴梦麟　崔学谙　解立红　李建平　相瑞花　许　伟　刘一达　刘普洛　陈　光
程　旭　崔　波　孙秀丽　高小龙　白　岩　王　丹　毕　琼　韩立恒　夏明明

鸣　　谢：

故宫博物院　国家博物馆　首都博物馆　北京古代建筑研究所　北京市档案馆
北京中山堂　中国人民抗日战争纪念馆　老舍茶馆　中国铁道博物馆正阳门馆
北京湖广会馆　刘海粟美术馆　天安门地区管委会消防监督处
王宏钧　侯兆年　马明仁　黄雪寅　武俊玲　王学伟　马文晓　刘　阳　刘　鹏
孙书文　尹智君　王秀峰　洪　亮　魏　颖　赵一农　戴抒芮　段　姝　周　伟